たのしい ラズパイ 電《でん》子《し》工《こう》作《さく》ブック

Zero W 対応

[著]WINGSプロジェクト 髙江賢　[監]山田祥寛

マイナビ

はじめに

「夏休みの自由研究」や**「電子工作」**と聞くと、みなさんはどう思いますか?

逃げだしたくなる　**電子工作なんて、めんどうで難しそう**　**せっかくの夏休みなのに…**

そんなふうに思う人は多いかもしれません。でも、ちょっと待ってください。

電子工作といっても、ラズベリーパイを使えば、かんたんです。小学生のみなさんでも、ちょっとコードをつなぐだけです。

本書では、ラズベリーパイをつかった電子工作を紹介しています。ラズベリーパイは、とっても小型で安いコンピューターです。そのうえ、さまざまな電子部品をつなぐことができ、ソフトウェアで操作できるようになっています。ラズベリーパイなら、ハードウェアとソフトウェアの両方のおもしろさが、ほんとうに手軽に体験できるのです。

自由研究で頭を悩ましているみなさん、ラズベリーパイをほうっておく手はありません。お父さんやお母さんといっしょに、親子で自由研究に挑戦してみませんか。

本書を読んで、少しでも電子工作の楽しさを感じてもらえれば、こんなにうれしいことはありません。

なお、本書に関するサポートサイト「サーバサイド技術の学び舎 - WINGS」を以下の URL で公開しています。本書で紹介しているサンプルソースファイルのダウンロードサービスをはじめ、Q & A 掲示板、FAQ 情報、オンライン公開記事など、タイムリーな情報を充実した内容でお送りしておりますので、あわせてご利用ください。　**http://www.wings.msn.to/**

本書の執筆にあたっては、多くの方々のお世話になりました。最後になりましたが、監修の山田祥寛氏、奥様の奈美氏、編集部諸氏、そして、いつも応援してくれている家族、心から感謝いたします。

それから、本書を手にとってくれた皆さん、ほんとうにありがとうございます。

2018 年 6 月 髙江　賢

本書の使い方 ―― 大人のかたへ ――

本書での動作検証環境について

本書のスクリプトは、以下のラズベリーパイと OS を用いて動作検証を行っています。

- Raspberry Pi Zero W スターターキット（スイッチサイエンス）
- Raspbian OS（スターターキット付属の microSD に書き込み済みのもの）

表記について

- ウィンドウ名、メニュー名、ボタン名など、画面上に表示されている文字は［］で囲んで示します。
- キーボードで入力する文字は、太文字や色文字で示します。

本書の構成

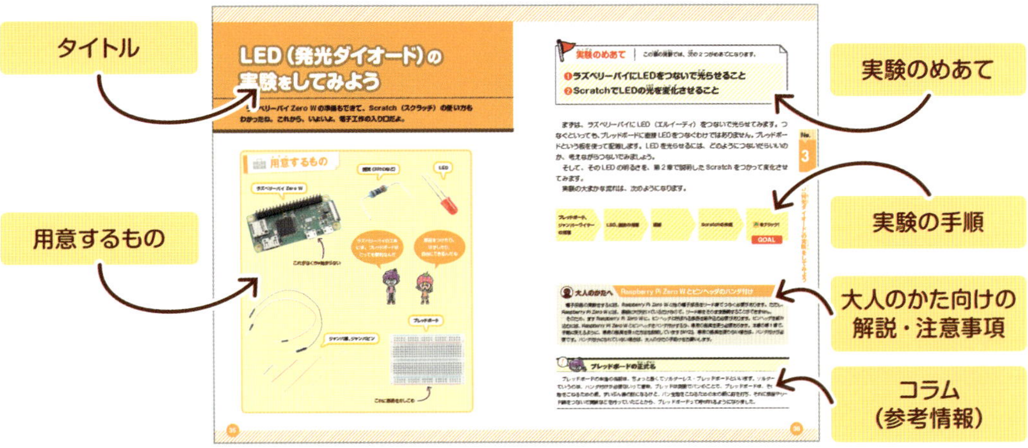

タイトル
用意するもの
実験のめあて
実験の手順
大人のかた向けの
解説・注意事項
コラム
（参考情報）

［参考］サンプルソースファイルの使い方

サンプルソースファイルは、複数のファイルが圧縮されて１ファイルになっています。次のような手順で、ダウンロード、解凍してください。※**ダウンロードしなくても読み進めることができます。必要に応じてご利用ください。**

❶ LX Terminal を使ってダウンロード、解凍する

このアイコンをクリックする

［1］第１章で説明しているLX Terminalを起動する

［2］キーボードから、「wget http://www.wings.msn.to/books/9784839966447/sample.zip」と入力してエンターキーを押すとファイルがダウンロードされます。

［3］キーボードから、「unzip -d samples samples.zip」と入力してエンターキーを押すと、samplesディレクトリ以下にサンプルファイルが解凍されます。

次のように入力して、ダウンロード、解凍する

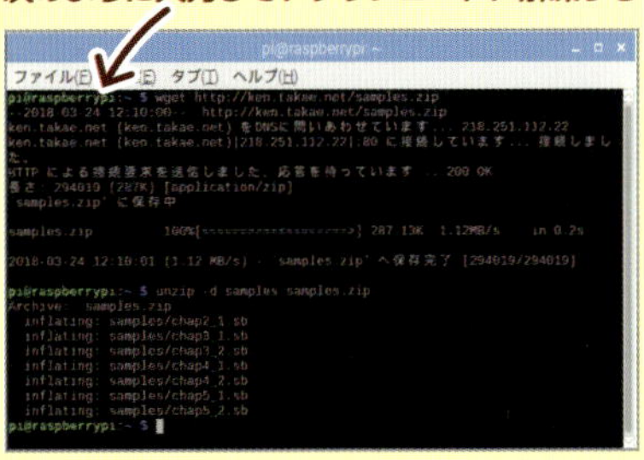

❷サンプルファイルをひらく

解凍したサンプルファイルを使うには、Scratch のメニューから［ファイル］-［ひらく］を選びます。プロジェクトをひらく画面が表示されますので、左の pi というボタンを押してディレクトリを変更します。すると、解凍した samples が一覧に表示されます。samples をダブルクリックすると、各サンプルファイルが表示されますので、開きたいファイルをクリックして、OK ボタンをクリックします。

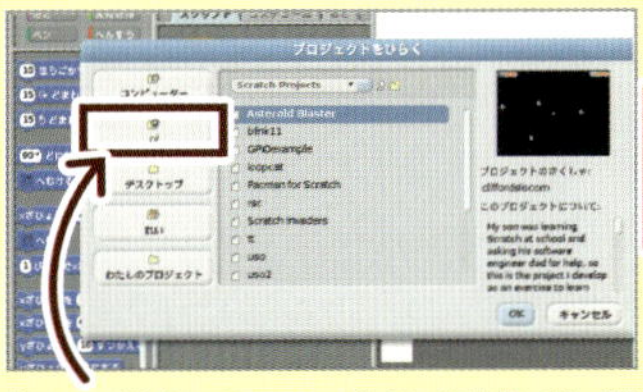

［ファイル］メニューから［ひらく］選んだ後、pi ボタンをクリックする

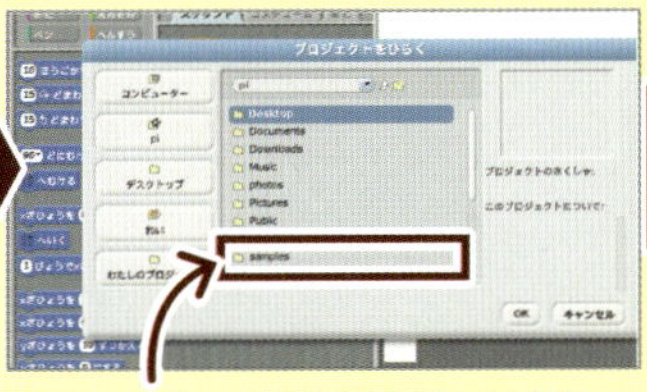

samples をダブルクリックする

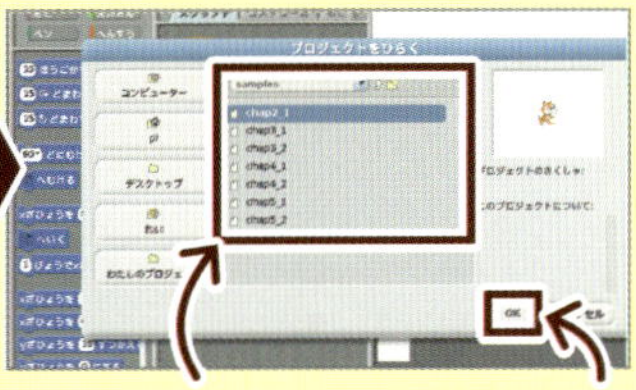

開きたいファイルをクリックして、OK ボタンをクリックする

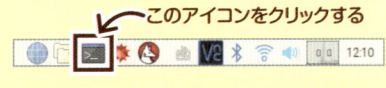

必要《ひつよう》なもの一覧表《いちらんひょう》

本書で使う部品《ぶひん》や工具は、下を参考《さんこう》にしてください。実際に使った部品《ぶひん》などをまとめています。

ぜったいに必要《ひつよう》なもの

Raspberry Pi Zero W《ラズベリーパイゼロダブリュー》 スターターキット

USB《ユーエスビー》-microB ケーブル

USB《ユーエスビー》 ACアダプター

マイクロSD《エスディ》 メモリーカード

ピンヘッダ

USB《ユーエスビー》-マイクロB OTGケーブル

ラズベリーパイ Zero W《ゼロダブリュー》

miniHDMI《エイチディエムアイ》 変換《へんかん》アダプタ

あったら便利！

GPIO Hammer Header《ジーピーアイオーハンマーヘッダー》（別売）

＋

全章《ぜんしょう》で必要《ひつよう》なもの

USB《ユーエスビー》ハブ

USB《ユーエスビー》キーボード

USB《ユーエスビー》マウス

HDMI《エイチディエムアイ》ケーブル

HDMI《エイチディエムアイ》入力のモニタ

章《しょう》ごとに必要《ひつよう》なもの

3章《しょう》で使うもの

抵抗《ていこう》（330Ωなど）

LED《エルイーディ》

4章《しょう》で使うもの

ラズベリーパイ 本体

タクト スイッチ

カメラモジュール

フラットケーブル

牛乳《ぎゅうにゅう》 パック

レンズ

黒い画用紙（厚いものと薄《うす》いもの） トレーシングペーパー

そのほかにカッター、セロハンテープ、両面テープなど

3～5章《しょう》で使うもの

ジャンパワイヤ、ジャンパピン

ニッパ

ブレッドボード

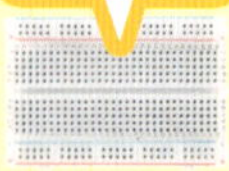

細工用カッター

5章《しょう》で使うもの

LM339

アルミニウムの 皿（電極《でんきょく》）

抵抗《ていこう》 200～330Ω、680KΩ

LED《エルイーディ》

半固定抵抗《はんこていていこう》 1MΩ

大人の人と
いっしょに集めてね!

(参考《さんこう》)この本で使ったもの

ここで紹介している部品名・型番・入手先などはあくまで目安です。販売終了になる可能性もありますのであらかじめご了承ください。

章	部品	型番（メーカー、販売先）	分量	主な入手先
1	USBハブ	U2HS-MB02-4BBK（エレコム）	1	A、パソコンショップ
	USBキーボード	Classic Keyboard 200（ロジクール）	1	〃
	USBマウス	BSMBU16MBK（バッファロー）	1	〃
	HDMI入力のあるPC用モニタ	25UM57-P（LG）	1	〃
	HDMIケーブル（2メートル程度）	ハイスピード HDMIケーブル 1.8m タイプAオス - タイプAオス(Amazonベーシック)	1	〃
3〜5	ブレッドボード	BB-801（秋月電子通商）	1〜	A、B、C、D
	ジャンパワイヤ	SKS-140（サンハヤト） ジャンプワイヤのセット品	適宜	〃
		SFE-PRT-09140（スイッチサイエンス） ジャンパーワイヤ（オスーメス）	適宜5本以上	〃
		EIC-UL1007-MM-015（スイッチサイエンス） ジャンパーワイヤ（オスーオス）	適宜5本以上	〃
	ニッパー（工具）	マイクロニッパー NS-04（エンジニア）	1	A、B、C、D、ホームセンター
	細工用カッター（工具）	デザインナイフ D−400P（NT）	1	A、文房具店、ホームセンター
3	抵抗（200〜300Ω）	220Ωまたは330Ω金属皮膜抵抗1/4W（秋月電子通商）	1	A、B、C、D
	LED（赤、白など）	5mm白色LED OSWT5161A（秋月電子通商）	1	〃
4	カメラモジュール	Kuman カメラモジュール SC09（Amazon）	1	A、B、C、D
	カメラモジュールフラットケーブル（ラズベリーパイZERO用）	カメラモジュール付属品	1	〃
	タクトスイッチ	12mm TVGP01-G73BB（秋月電子通商）	1	〃
	牛乳パック	1リットル	1	コンビニ・スーパー
	レンズ	スマホで3D VRメガネ（キャンドゥ）	適宜	E、F、G
	黒い画用紙	B4 厚紙黒色 厚さ0.58mm（ダイソー）	数枚	A、E、F、G、文房具店
		A4 中厚口 カラーペーパー（黒） ナ-3235H（長門屋商店）	数枚	〃
	トレーシングペーパー	A4 トレーシングペーパー厚さ0.58mm（ダイソー）	1	〃
	粘着テープ	黒のビニールテープ、セロテープ、両面テープなど	適宜	E、F、G、ホームセンター
5	半固定抵抗	1MΩ RM-065-105（秋月電子通商）	1	A、B、C、D
	LM339	4回路入コンパレータ LM339（秋月電子通商）	1	〃
	抵抗	220Ωまたは330Ω金属皮膜抵抗1/4W（秋月電子通商）	1	〃
		680KΩ カーボン抵抗1/4W（秋月電子通商）	1	〃
	LED（赤、白など）	5mm白色LED OSWT5161A（秋月電子通商）	1	〃
	アルミニウムの皿	深型バーベキューアルミボウル（キャンドゥ）	1	E、F、G
	粘着テープ	黒のビニールテープ、セロテープなど	適宜	E、F、G、、ホームセンター

(参考《さんこう》)手に入れられるお店の一覧

	入手先		URL
A	通販	Amazon	https://www.amazon.co.jp/
B	〃	スイッチサイエンス	https://www.switch-science.com/
C	通販・店舗	秋月電子通商	http://akizukidenshi.com/catalog/default.aspx
D	〃	マルツ	https://www.marutsu.co.jp/
E	100円ショップ	ザ・ダイソー	https://www.daiso-sangyo.co.jp/
F	〃	Can Do（キャンドゥ）	https://www.cando-web.co.jp/
G	〃	ワッツ	http://www.watts-jp.com/

第１章《しょう》のUSB《ユーエスビー》ハブなどの部品《ぶひん》は、もちろん互換性《ごかんせい》があるもので問題ありません。まったく同じものがなくても、似たようなものであれば大丈夫です。

ジャンパワイヤや抵抗《ていこう》、LED《エルイーディ》などは、ひとつひとつ揃《そろ》えるよりも、最初にAmazonで購入《こうにゅう》できる電子部品《ぶひん》キット（Kuman Arduino用キットやElegoo Electronic Funキットなど）を買うほうが、手間がはぶけるかもしれません。キットで足りないものがあれば、必要《ひつよう》なものを買うようにすればいいでしょう。

大人のかたへ　ラズベリーパイ Zero《ゼロ》 WH《ダブリューエイチ》

2018年2月頃から「ラズベリーパイ Zero《ゼロ》 WH《ダブリューエイチ》」という、最初からピンヘッダがとりつけられたラズベリーパイ Zero《ゼロ》が発売されています。この本では、ラズベリーパイ Zero《ゼロ》 W《ダブリュー》に、ピンヘッダをとりつけるように説明していますが、より手軽に楽しみたい場合は、このラズベリーパイ Zero《ゼロ》 WH《ダブリューエイチ》を買ってもかまいません。

なお、ラズベリーパイ Zero《ゼロ》 WH《ダブリューエイチ》も、Amazonなどでスターターキットが販売《はんばい》されています。ただし、そのスターターキットは、この本で説明しているスターターキットと、含まれるものが少し異なっています。また、付属しているSD《エスディ》カードには、OS《オーエス》そのものが入っているのではなく、NOOBSという、OS《オーエス》をインストールするためのツールが書き込まれているようです。このツールを使ってOS《オーエス》をインストールするときは、少し注意が必要《ひつよう》です。

このスターターキットのSD《エスディ》カードでラズベリーパイを起動すると、OS《オーエス》をインストールする画面が表示されます。このときに、日本語表記になっていますが、言語をいったん英語に変更します。

画面の下に表示されている言語の日本語のところを、English（US）に変更します（キーボードの設定も自動的に変わります）。

そして、Raspbian［推奨］の左の欄にチェックして、上のInstall（インストール）ボタンをクリックします。SD《エスディ》カードを上書きする確認のメッセージがでたら、Yesを選択します。少し時間はかかりますが、これでこの本で説明しているものと同じOS《オーエス》がインストールされます。

大人のかたへ　抵抗《ていこう》のカラーコード

抵抗《ていこう》には、4本または5本のカラーの帯（カラーコード）が印刷してあります。カラーコードで抵抗《ていこう》の値《あたい》を表しています。カラーコードが4本のものは、金色の帯、5本のものは茶色の帯が、少し離れて印刷してあるものが一般的です。金色は、抵抗値《ていこうち》が5%の誤差、茶色は、1%の誤差があるという意味です。

この本で使う抵抗《ていこう》は、次のようなカラーコードです。

抵抗《ていこう》の種類

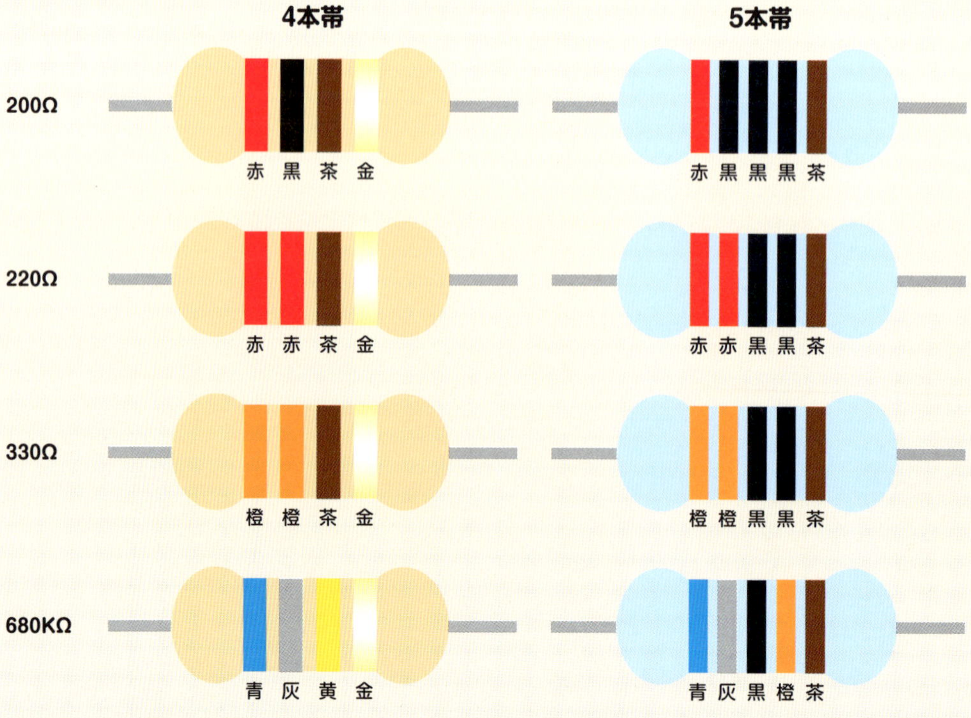

たのしい! ラズパイ電子工作ブック Zero W 対応

Contents

第3章 LED《エルイーディ》(発光《はっこう》ダイオード)の実験《じっけん》をしてみよう 45

第4章 デジタルピンホールカメラの実験《じっけん》をしてみよう 75

第5章 ウソを見破《みやぶ》れる!? ウソ発見器の実験《じっけん》をしてみよう 109

第1章

ラズペリー・パイの下《した》ごしらえ

ラズベリーパイの準備《じゅんび》をしようか

ラズベリーのパイ買ってきたの？　どこどこ？

食べたことないけど、おいしそう！

食べ物じゃないよ。夏休みの宿題にちょうどいいから。でもまずは下ごしらえが必要《ひつよう》だけどね

食べられないのに、下ごしらえって、へんなの

ラズベリーパイとは？

ラズベリーパイは、とっても小さなコンピューターです。今から5年くらいまえに、イギリスで発売されました。もともとは、小学生などの勉強用として作られました。でも、小型で値段《ねだん》が安くて、いろいろなことに使えることから、勉強用だけでなく、さまざまな分野で広く使われるようになっています。

ラズベリーパイは、普通《ふつう》のパソコンと違《ちが》って、ケースに入っていません。基板《きばん》というプラスティックの板に、部品《ぶひん》がとりつけられたままの状態《じょうたい》です。基板《きばん》には、ラズベリーパイの一番の特徴《とくちょう》の、トゲトゲの針《はり》みたいなものがならんでいます。この針《はり》みたいなものと、電子部品《ぶひん》をつなぐことによって、LED《エルイーディ》を光らせたり、モーターを回したりすることができます。しかも、とてもかんたんに電子部品《ぶひん》をあつかうことができます。

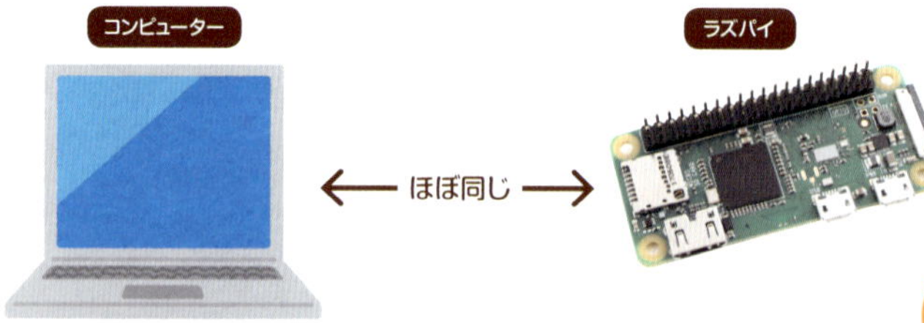
コンピューター
ほぼ同じ
ラズパイ

おうちのパソコンと
同じなのね

トゲトゲにライトなどの
部品《ぶひん》をつなげて
動かすんだ

「ラズベリーパイって、いろいろな種類があるの？」

「そうだね。いくつか種類があるよ。CPU《シーピーユー》っていう、コンピューターの頭脳《ずのう》みたいな部品《ぶひん》がちがってたり、大きさが違《ちが》ったり」

「なら結局、どれがいいの？」

「ちょっとした電子工作に使うんだったら、ぶっちゃけ、どれでもいいんだけど。Wi-Fi《ワイファイ》が使えて安い、ラズベリーパイ Zero《ゼロ》 W《ダブリュー》がいいかな」

この本では、もっとも安くて小さなラズベリーパイ Zero《ゼロ》 W《ダブリュー》を使います。「W」はWi-Fi《ワイファイ》のWです。ラズベリーパイ Zero《ゼロ》には、Wi-Fi《ワイファイ》機能がついていないものと、ついているものがあります。無線でネットワークに接続《せつぞく》する機能のWi-Fi《ワイファイ》があるほうが便利ですし、あとで説明するソフトをインストールするためにインターネット接続《せつぞく》が必要《ひつよう》です。そのためこの本では、Wi-Fi《ワイファイ》機能がついたラズベリーパイ Zero《ゼロ》 W《ダブリュー》を使うことにします。

「ラズベリーパイを使って、宿題ができるかな？」

「宿題って…自由研究？　忘《わす》れてた！　どうしよ！」

「ラズベリーパイなら、うちにあるから大丈夫《だいじょうぶ》。ラズベリーパイを使った電子工作なら、教えてあげられるけど」

「やった、その電子工作っていうのを自由研究にしよう」

「なんか、エラソーな感じ。でも宿題ができるなら、まあいいか」

大人のかたへ　基板《きばん》、端子《たんし》とは

基板《きばん》というのは、電子部品《ぶひん》をとりつけて、コンピューターなどの電子回路を組み立てるプラスチックの板のことです。電子部品《ぶひん》は、英語でパーツということもあります。

トゲトゲの針《はり》みたいなものは、端子《たんし》やピンと呼《よ》ばれます。一般に端子《たんし》とは、電線や他の部品《ぶひん》をつなぐために、外にとび出している金属《きんぞく》部分のことを指します。ラズベリーパイのピンは、ラズベリーパイの内部の回路に直接つながっています。

ラズベリーパイ Zero《ゼロ》 W《ダブリュー》 で遊ぶための準備《じゅんび》

準備《じゅんび》の手順をみていこう

1. ラズベリーパイ Zero《ゼロ》 W《ダブリュー》 スターターキットの購入《こうにゅう》
2. ピンヘッダをつける
3. キーボード、マウス、モニタをつないで電源《でんげん》を入れる
4. 最初の設定《せってい》をする
5. Scratch《スクラッチ》GPIO《ジーピーアイオー》をインストールする GOAL

現在、ラズベリーパイ Zero《ゼロ》 W《ダブリュー》 本体だけを買うのは、少し難《むずか》しくなっています。抽《ちゅう》選《せん》が必要《ひつよう》だったり、海外サイトでの通信販売《つうしんはんばい》となります。そのため、この本では、「**Raspberry《ラズベリー》 Pi《パイ》 Zero《ゼロ》 W《ダブリュー》 スターターキット**」を買うことをおすすめします。スターターキットは、スイッチサイエンスや Amazon などの通信販売《つうしんはんばい》で買えます。

Raspberry《ラズベリー》 Pi《パイ》 Zero《ゼロ》 W《ダブリュー》 スターターキットの内容

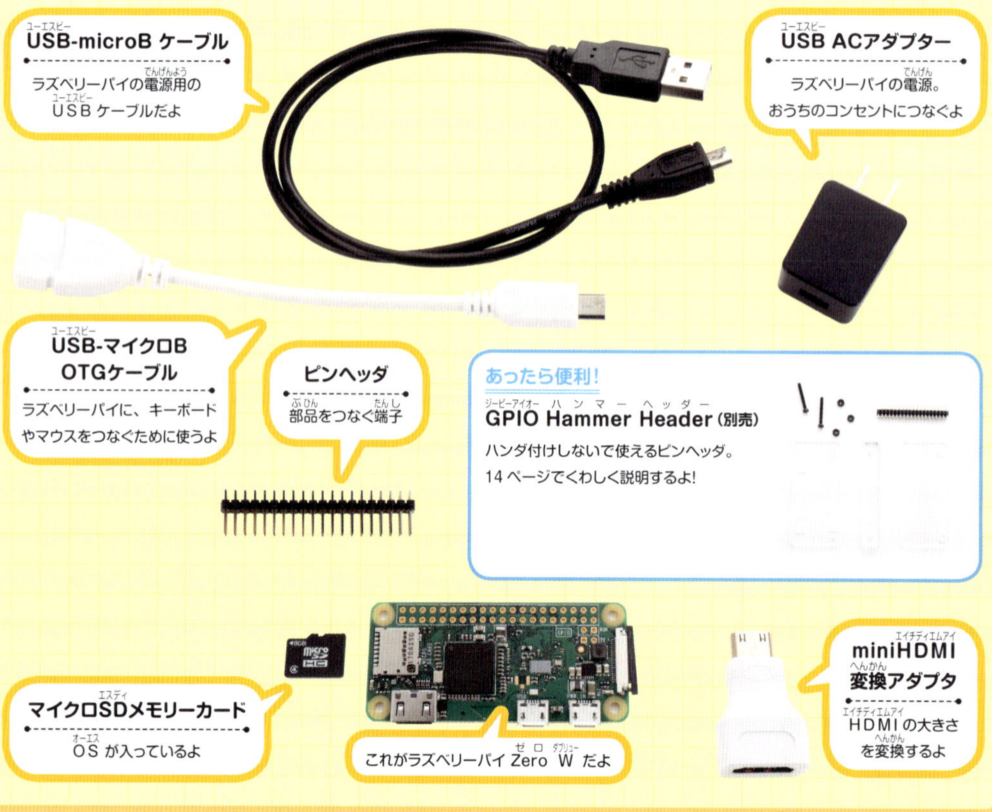
USB《ユーエスビー》-microB ケーブル
ラズベリーパイの電源用《でんげんよう》の USB《ユーエスビー》 ケーブルだよ
USB《ユーエスビー》 ACアダプター
ラズベリーパイの電源《でんげん》。おうちのコンセントにつなぐよ
USB《ユーエスビー》-マイクロB OTGケーブル
ラズベリーパイに、キーボードやマウスをつなぐために使うよ
ピンヘッダ
部品《ぶひん》をつなぐ端子《たんし》
あったら便利!
GPIO《ジーピーアイオー》 Hammer《ハンマー》 Header《ヘッダー》(別売)
ハンダ付けしないで使えるピンヘッダ。
14 ページでくわしく説明するよ!
マイクロSD《エスディ》メモリーカード
OS《オーエス》 が入っているよ
これがラズベリーパイ Zero《ゼロ》 W《ダブリュー》 だよ
miniHDMI《エイチディエムアイ》 変換《へんかん》アダプタ
HDMI《エイチディエムアイ》 の大きさを変換《へんかん》するよ

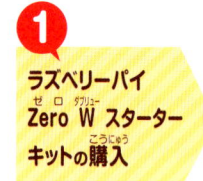

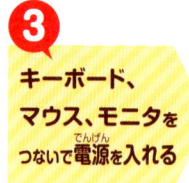

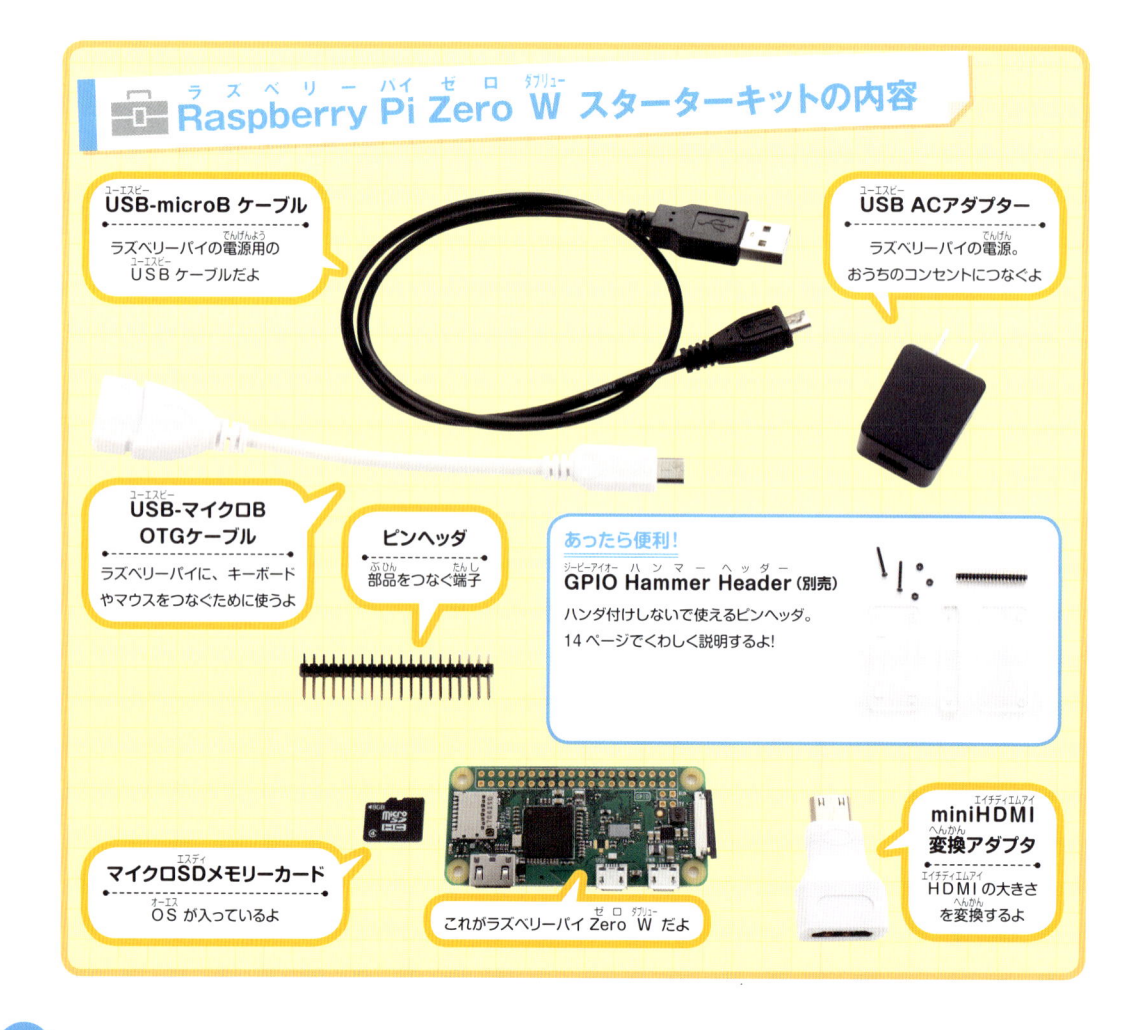

ラズベリーパイ Zero《ゼロ》 W《ダブリュー》 スターターキットには、ラズベリーパイで遊ぶために、これだけは絶対必要《ひつよう》という部品《ぶひん》が含《ふく》まれています。また、OS《オーエス》 がコピーされた SD《エスディ》 カードも含《ふく》まれていますので、購入《こうにゅう》してすぐに使うことができます。

OS《オーエス》とSD《エスディ》カードって?

「オーエスって何？」

「OS《オーエス》 っていうのはね、コンピューターとして動かすための基本のソフトウェアだよ」

「基本？」

「そう、ラズベリーパイが計算したり、何かを表示したり、キーボードで打った文字を認識《にんしき》したりする、といった基本的なことを行うんだ」

「ふ〜ん」

ラズベリーパイでは、OS《オーエス》 やプログラムなどの情報を記憶《きおく》するために、SD《エスディ》 メモリーカードを利用します。SD《エスディ》 メモリーカードは、デジタルカメラや携帯《けいたい》電話などの、データを保存するためのカードとして、広く使われています。

SD《エスディ》メモリーカード

「SD《エスディ》 カードを使うんだね」

「スマホみたいね」

「スマホなどは、写真や音楽などのデータだけに使うことが多いけど、ラズベリーパイは、もっと幅《はば》広く使うんだ」

「む、むずかしそう！」

「この SD《エスディ》 カードには、もう OS《オーエス》 が入っているから、かんたんだよ」

大人のかたへ　OS《オーエス》 のインストール

スターターキットには、OS《オーエス》 がコピーされた SD《エスディ》 カードが付属していますので、OS《オーエス》 のインストールは不要です。ラズベリーパイ Zero《ゼロ》 W《ダブリュー》 単体で購入《こうにゅう》した場合には、SD《エスディ》 カードも付属していませんので、別途 8GB 以上の SD《エスディ》 カードを用意して、そこに OS《オーエス》 のイメージデータの書きこみが必要《ひつよう》です。この作業には、パソコンが必要《ひつよう》です。手順は、次のようになります。

1. 圧縮された OS《オーエス》（Raspbian）のイメージデータを、公式ページ（https://www.raspberrypi.org/downloads/raspbian/）からダウンロードする。
2. イメージデータを解凍して、ツール（https://www.raspberrypi.org/documentation/installation/installing-images/windows.md など）を使って SD《エスディ》 カードに書きこむ。

まずはピンヘッダをとりつけよう

これが
付いてないよ

ラズベリーパイ Zero《ゼロ》には、他のラズベリーパイのように、とげとげのピン（ピンヘッダといいます）はありません。基板《きばん》に穴《あな》があいているだけです。このままでは、いろいろな部品《ぶひん》と接続《せつぞく》するには不便なので、最初にピンヘッダをとりつけます。

ピンヘッダをハンダ付けした場合（基板《きばん》の裏）

スターターキットにもピンヘッダが含《ふく》まれています。ただこのピンは、ハンダ付けといって、熱で溶《と》ける金属（ハンダといいます）を使ってとりつける必要《ひつよう》があります。ハンダ付けは、なれていないと失敗したり、やけどをする恐《おそ》れもあります。大人の人に手伝ってもらうか、次のような部品《ぶひん》を利用したほうがいいでしょう。これも、スイッチサイエンスやAmazon などの通信販売《つうしんはんばい》で買えます。

大人のかたへ　ラズベリーパイ Zero《ゼロ》 WH《ダブリューエイチ》

2018 年 2 月頃から、ラズベリーパイ Zero《ゼロ》 WH《ダブリューエイチ》という、最初からピンヘッダがとりつけられたラズベリーパイ Zero《ゼロ》が発売されています（詳しくは P.6 を参照）。この本では、ラズベリーパイ Zero《ゼロ》 W《ダブリュー》に、ピンヘッダをとりつけるように説明していますが、より手軽に楽しみたい場合は、ラズベリーパイ Zero《ゼロ》 WH《ダブリューエイチ》を買ってもかまいません。

別売りのGPIO《ジーピーアイオー》 Hammer《ハンマー》 Header《ヘッダー》をとりつけた場合

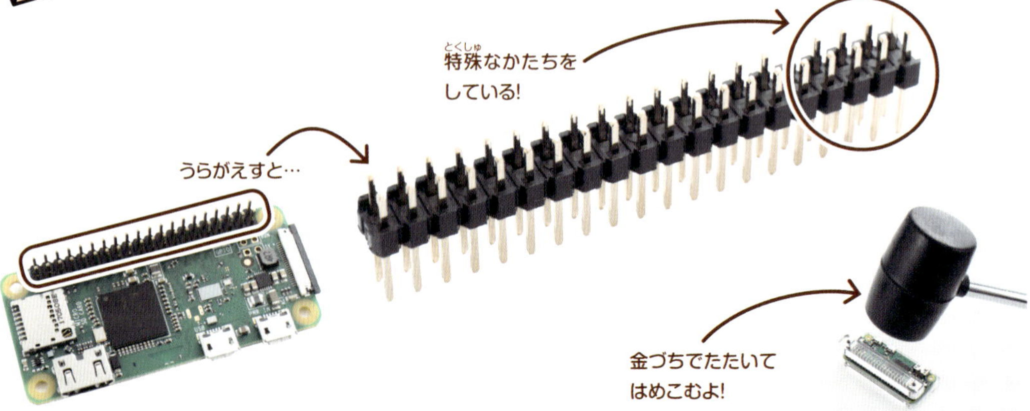
特殊《とくしゅ》なかたちをしている!
うらがえすと…
金づちでたたいてはめこむよ!

この部品《ぶひん》は、**GPIO《ジーピーアイオー》 Hammer《ハンマー》 Header《ヘッダー》**といって、ハンダ付けが不要のピンヘッダです。ラズベリーパイ Zero《ゼロ》の基板《きばん》の穴《あな》に差《さ》しこむピンが、特殊《とくしゅ》な形になっていて、差《さ》し込《こ》めば抜《ぬ》けないようになっています。はめこむ方法は少し乱暴《らんぼう》ですが、金づちのようなもので、たたいてはめこみます。

スターターキット以外で用意するものはなに？

スターターキット以外で用意するものは、USB《ユーエスビー》ハブ、USB《ユーエスビー》キーボード、USB《ユーエスビー》マウス、HDMI《エイチディエムアイ》入力ができるモニタ（テレビも可能）です。

USB《ユーエスビー》というのは、キーボードやマウスなどを接続《せつぞく》するための規格《きかく》（決まりごと）です。USB《ユーエスビー》に対応していれば、キーボードでも、マウスでも、同じ接続口《せつぞくぐち》につなぐことができます。また、**HDMI**《エイチディエムアイ》というのは、映像《えいぞう》や音声のための規格《きかく》です。HDMI《エイチディエムアイ》に対応しているモニタやテレビであれば、ラズベリーパイ Zero《ゼロ》で使うことができます。HDMI《エイチディエムアイ》ケーブルは、HDMI《エイチディエムアイ》に対応した接続《せつぞく》ケーブルです。これはスターターキットに含《ふく》まれていません。もしおうちにない場合は、買っておきましょう。ただしこれらの部品《ぶひん》は、すべてパソコンでも使えるものです。もしパソコン用のものがあれば、新しく買う必要《ひつよう》はありません。

スターターキット以外で用意するもの

USB《ユーエスビー》ハブ
USB《ユーエスビー》の端子《たんし》を増やす機器《きき》

USB《ユーエスビー》キーボード
文字の入力に使うよ

USB《ユーエスビー》マウス
画面の操作《そうさ》に使うよ

HDMI《エイチディエムアイ》ケーブル
ラズベリーパイとモニタをつなぐケーブルだよ

HDMI《エイチディエムアイ》入力のモニタ
ラズベリーパイの画面を表示するよ

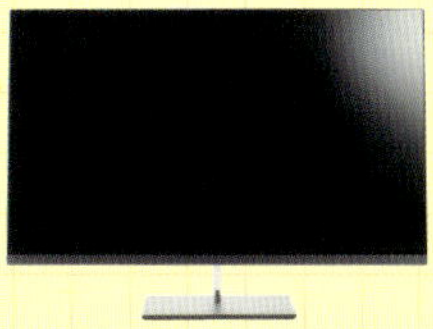

ラズベリーパイの接続図《せつぞくず》

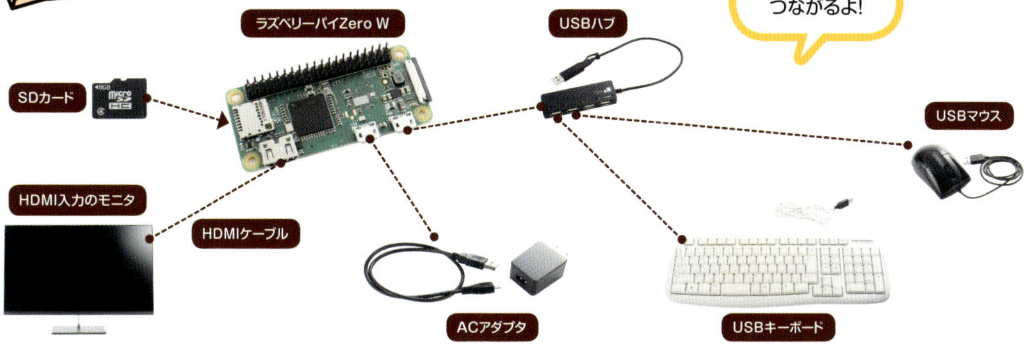
こんなカンジでつながるよ!
ラズベリーパイZero W
USBハブ
SDカード
USBマウス
HDMI入力のモニタ
HDMIケーブル
ACアダプタ
USBキーボード

ラズベリーパイを起動してみよう!

ラズベリーパイ Zero に、スターターキットに入っていた SD《エスディ》 カードをとりつけます。そして、ラズベリーパイ Zero《ゼロ》 の USB《ユーエスビー》 ポートに、USB《ユーエスビー》 ハブをつなぎます。

ラズベリーパイの接続《せつぞく》

字が書いてあるほうを上にして SD《エスディ》 カードをこの向きに入れる
ここに HDMI《エイチディエムアイ》 ケーブルをつなぐよ
ここに USB《ユーエスビー》 ハブをつなぐよ
ここに AC アダプタをつなぐよ
MICRO SD CARD
USB
PWR IN

ラズベリーパイ Zero《ゼロ》 の USB《ユーエスビー》 ポートは、電源用《でんげんよう》のポートとまったく同じ形をしていますので、間違《まちが》えないように注意しましょう。USB《ユーエスビー》 と書いてあるほうです。

USB《ユーエスビー》 ハブを使うのは、ラズベリーパイ Zero《ゼロ》 には、USB《ユーエスビー》 ポートがひとつしかないためです。そのままではキーボードとマウスを同時に使うことができません。そのため、USB《ユーエスビー》 ハブという機器《きき》をつないで、USB《ユーエスビー》 のポートを分岐《ぶんき》して増やします。USB《ユーエスビー》 ハブに、キーボードとマウスを接続《せつぞく》します。

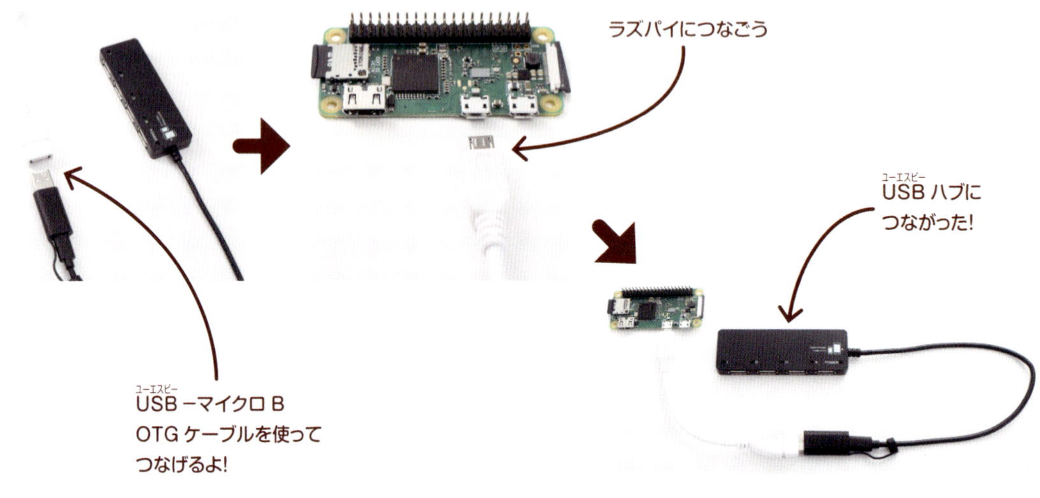
ラズパイにつなごう
USB《ユーエスビー》 ハブにつながった!
USB《ユーエスビー》 −マイクロ B OTG ケーブルを使ってつなげるよ!

次に、ラズベリーパイ Zero《ゼロ》 の HDMI《エイチディエムアイ》 ポートと、モニタかテレビを HDMI《エイチディエムアイ》 ケーブルで接続《せつぞく》します。HDMI《エイチディエムアイ》 ポートは、USB《ユーエスビー》 と同じような形ですが、USB《ユーエスビー》 より少し大きめです。

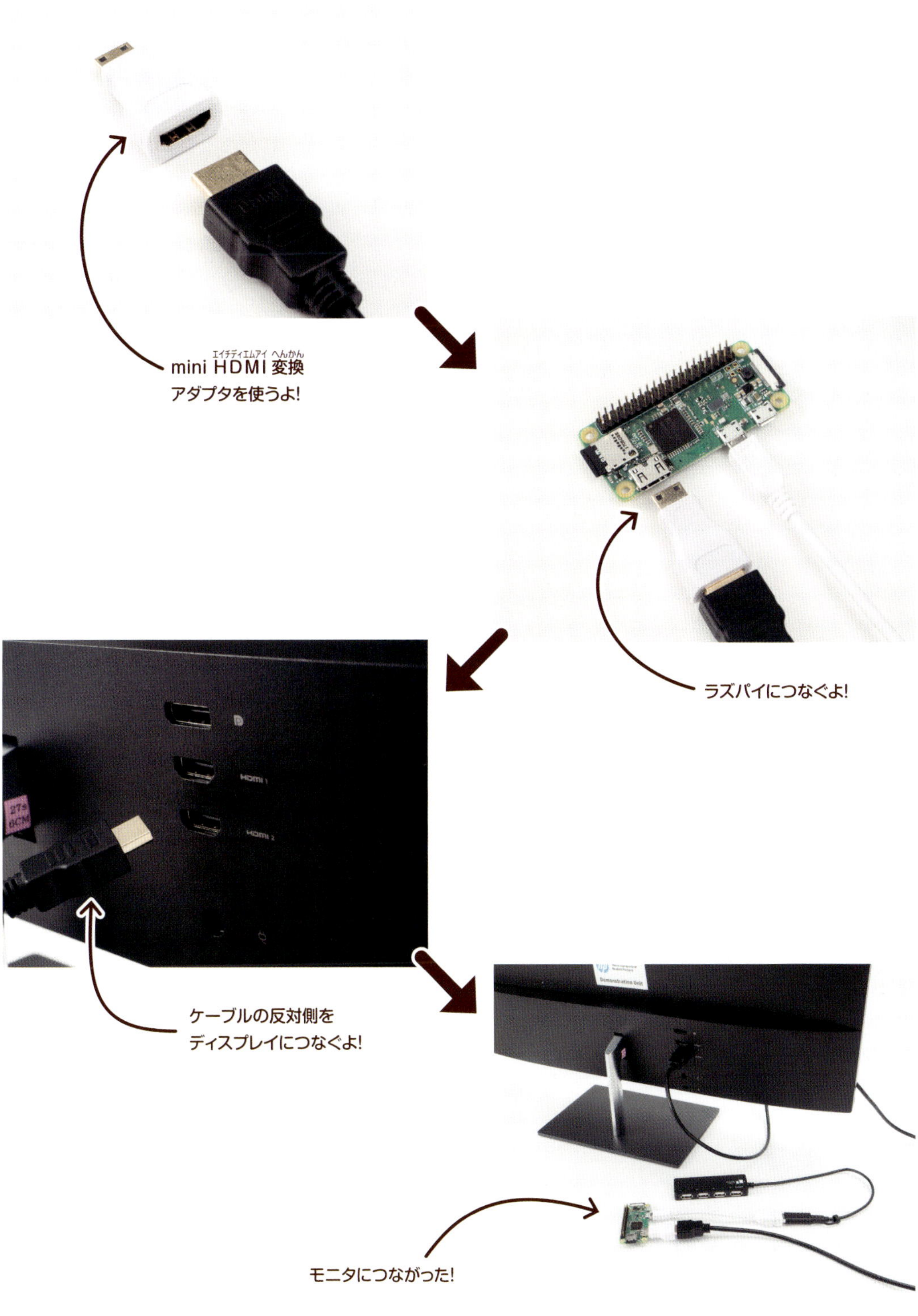
mini HDMI《エイチディエムアイ》 変換《へんかん》
アダプタを使うよ!
ラズパイにつなぐよ!
HDMI 1
HDMI 2
ケーブルの反対側を
ディスプレイにつなぐよ!
モニタにつながった!

すべて接続《せつぞく》できたら、スターターキットの AC アダプタに USB《ユーエスビー》 ケーブルを接続《せつぞく》し、ラズベリーパイ Zero《ゼロ》 の PWR（パワー、電源《でんげん》という意味です）ポートにつなぎます。PWR ポートは、USB《ユーエスビー》 ポートのとなりにあるポートです。最後に、AC アダプタをおうちの電源《でんげん》のコンセントにつなぎましょう。しばらくすると、モニタに文字などが表示された後、次のような起動画面になります。

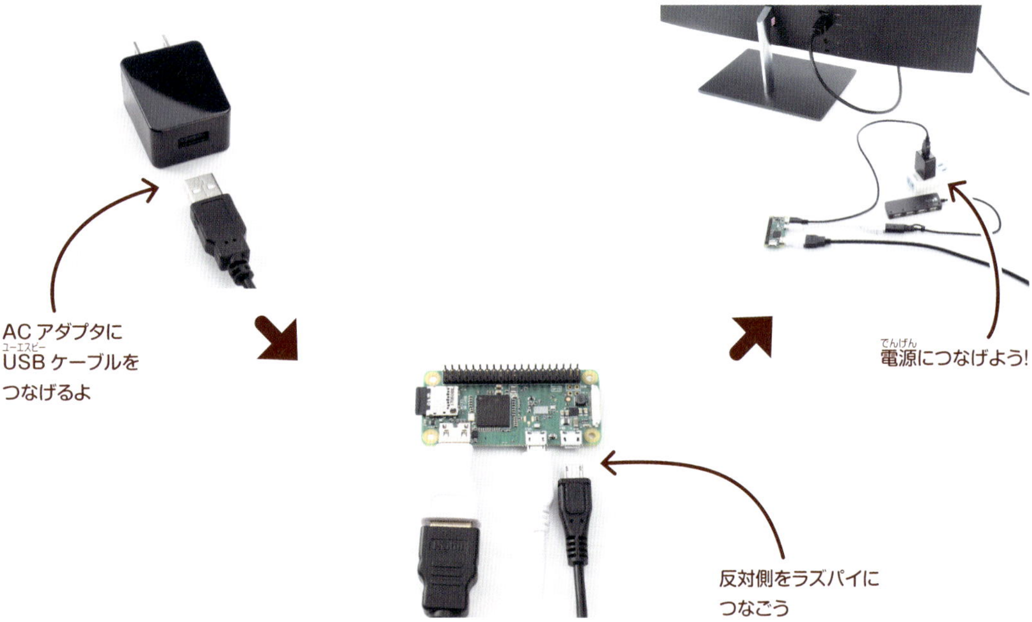
ACアダプタに
USB《ユーエスビー》ケーブルを
つなげるよ
電源《でんげん》につなげよう!
反対側をラズパイに
つなごう

ラズベリーパイの起動画面

LX《エルエックス》 Terminal《ターミナル》
Wi-Fi《ワイファイ》 設定《せってい》
ラズベリーパイ
マーク
メニューバー

画面の上のメニューバーのいちばん左にあるイチゴのラズベリーパイマークをクリックします。すると選択《せんたく》できるメニューが表示されるので、そのなかの [Preferences]（環境《かんきょう》設定《せってい》という意味）にマウスの矢印をあわせます。さらにメニューが表示されるので、[Raspberry Pi Configuration]（ラズベリーパイの設定《せってい》という意味）の項目《こうもく》でクリックします。次のような画面になります。

メニューの選択《せんたく》画面

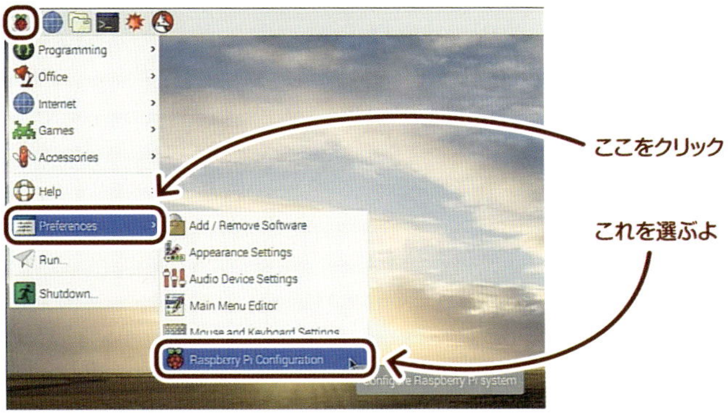

設定《せってい》画面

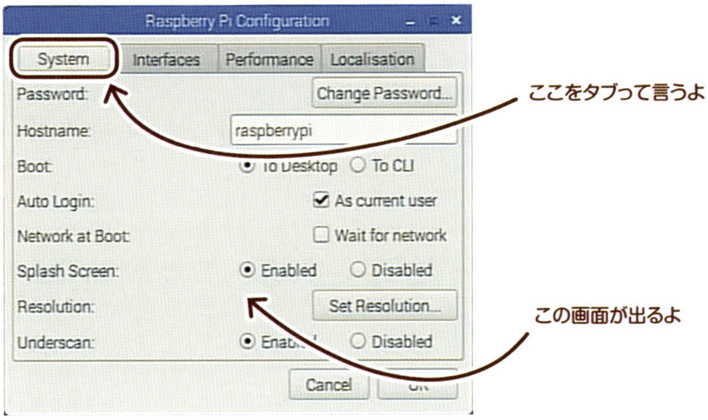

最初に、[Interfaces]（インターフェイス）のタブをクリックします。Interfacesは、ラズベリーパイと他の機器《きき》をつなぐための設定《せってい》で、次のように設定《せってい》します。

インターフェイス設定《せってい》

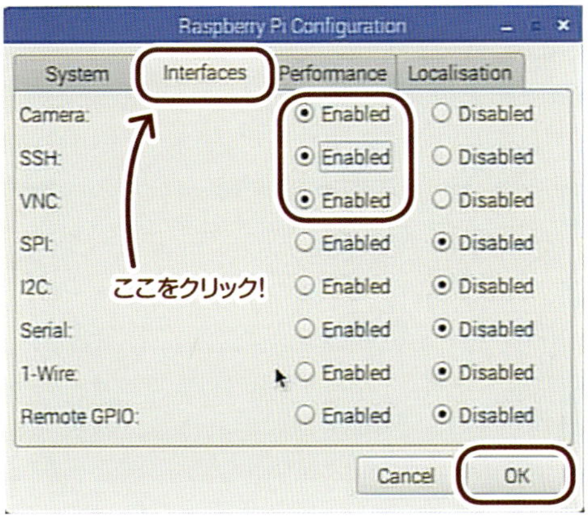

Camera《カメラ》と、SSH《エスエスエイチ》、VNC《ブイエヌシー》をEnabled（使うという意味）に設定《せってい》します。SSH、VNCの設定《せってい》は、Disabled（使わないという意味）のままでもかまいません。SSH、VNCは、パソコンからラズベリーパイを操作《そうさ》するための機能です。さいごに［OK］ボタンをクリックします。

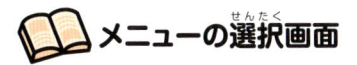

つぎに［Localisation］（地域設定《ちいきせってい》という意味）のタブをクリックします。そして［Set Locale］ボタンをクリックすると、設定《せってい》画面になります。

Localisation設定《せってい》

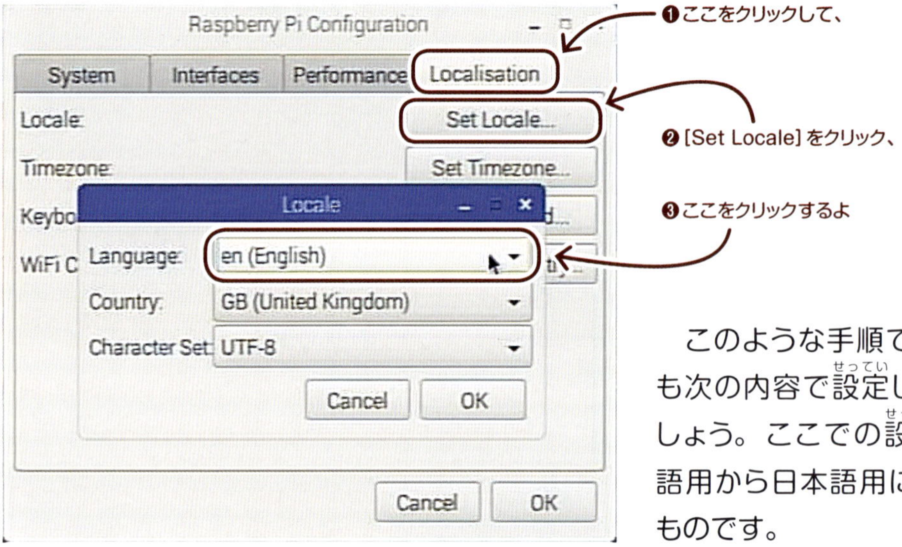

Raspberry Pi Configuration
System
Interfaces
Performance
Localisation
Locale:
Set Locale...
Timezone:
Set Timezone...
Locale
Language:
en (English)
Country:
GB (United Kingdom)
Character Set:
UTF-8
Cancel
OK
Cancel
OK
❶ここをクリックして、
❷［Set Locale］をクリック、
❸ここをクリックするよ

このような手順で、その他も次の内容で設定《せってい》しておきましょう。ここでの設定《せってい》は、英語用から日本語用に変更《へんこう》するものです。

このとおりに
せっていして
いくわよ

こうもく	せってい
Locale	Ja (Japanese)
Timezone	Japan
Keyboard	Japanese
WiFi Country	JP Japan

大人のかたへ　ログイン

この本で説明している Raspbian という OS《オーエス》 では、ラズベリーパイの電源《でんげん》を入れた後、ログインなどの操作《そうさ》は必要《ひつよう》ありません（初期設定《せってい》で、自動的にログインするようになっている）。もし、起動したときに、ログイン画面になった場合は、ユーザー名を pi、パスワードを、raspberry と入力します。なお、このパスワードは、ラズベリーパイの設定《せってい》（Preferences）で変更《へんこう》することができます。

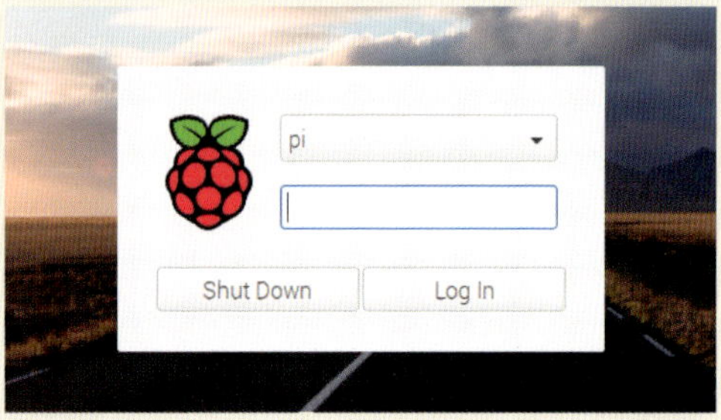

pi
Shut Down
Log In

メニューから選択《せんたく》

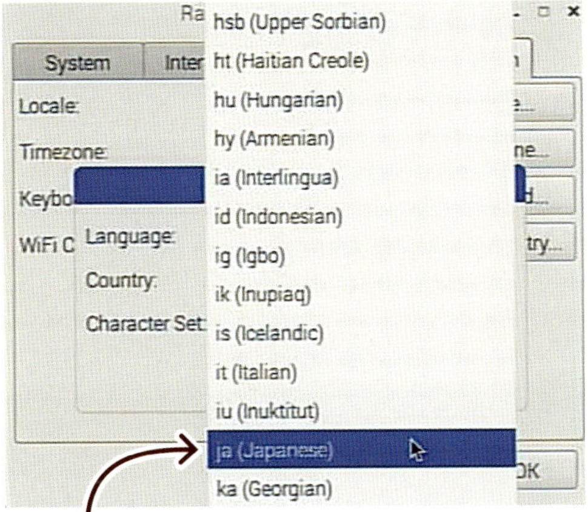

ここでは［Language］のところをクリックして、
日本語の［ja（Japanese）］を選ぼう

Japaneseを選択《せんたく》された

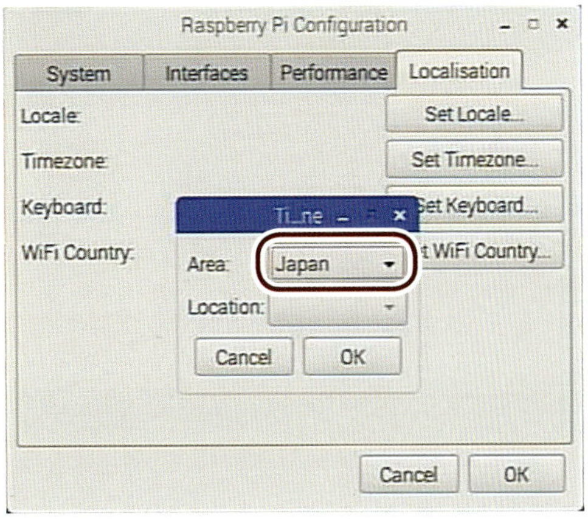

Keyboard設定《せってい》

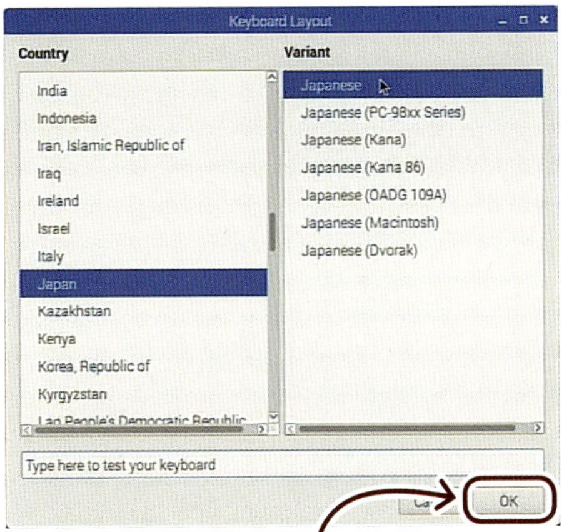

最後に［OK］ボタンをクリック。すると次のような画面で、ラズベリーパイを再起動するかどうか聞いてくるので、［OK］ボタンをクリックして再起動しよう

再起動を求める画面

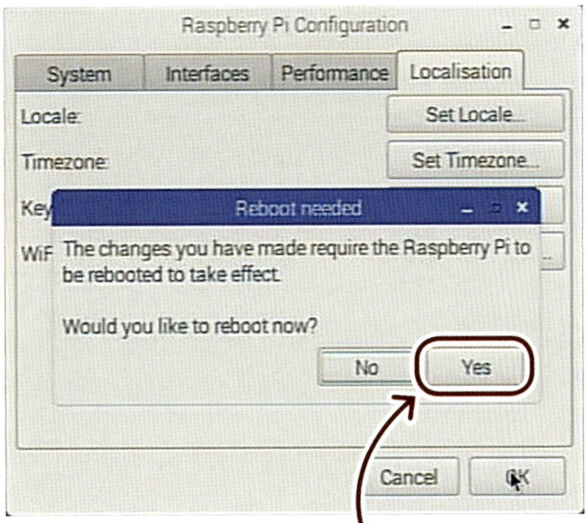

クリックするよ

「なんだかメンドーだな」

「最初だけだから、そう言わずに。マウスを動かすだけだし」

「宿題のためだしね」

ScratchGPIO《スクラッチジーピーアイオー》のインストールをしよう

この本では、**Scratch**《スクラッチ》というプログラミングツールを使います。

Scratch《スクラッチ》でソフトを作っているところ

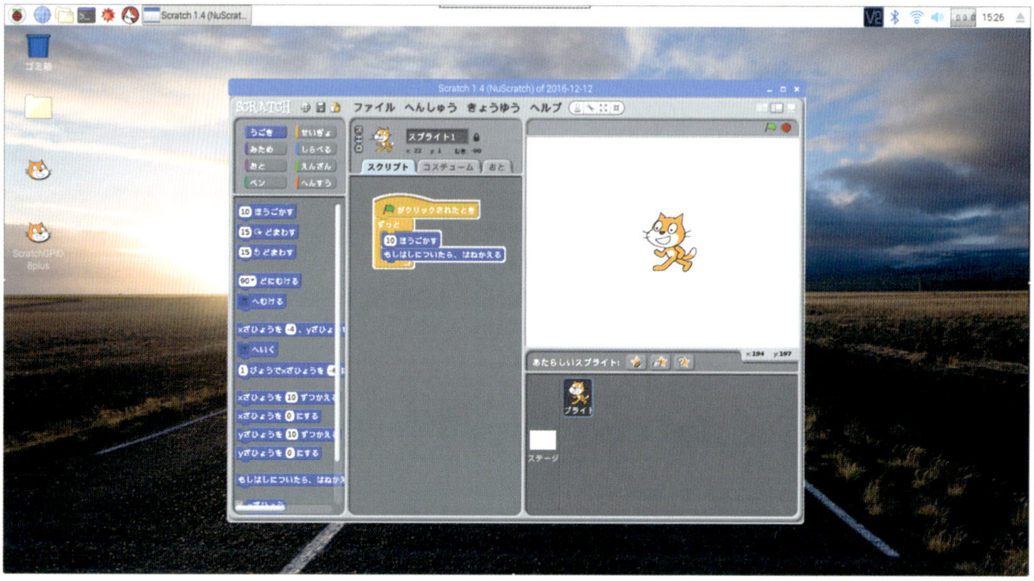

Scratch《スクラッチ》は、ラズベリーパイには最初からインストールされているので、すぐに使うことができます。また、この本であつかう**GPIO**《ジーピーアイオー》についても、操作《そうさ》できるようになっています。

なのですが、GPIO《ジーピーアイオー》のプログラムをもっとわかりやすく書くために、この本では、**ScratchGPIO**《スクラッチジーピーアイオー》というソフトをインストールすることにします。このインストール作業は、少し難《むずか》しいところもありますので、わかりにくいところは大人のひとに手伝ってもらうようにしましょう。

「ジーピーアイオーって、どういう意味？」

「アルファベットで 4 文字なのは、わかるよ」

「日本語では、汎用入出力《はんようにゅうしゅつりょく》」

「お経《きょう》みたい」

「いろいろな部品《ぶひん》をつなげて、操作《そうさ》できるってことだよ」

インターネット接続《せつぞく》

ラズベリーパイ Zero《ゼロ》をインターネットに接続《せつぞく》する必要《ひつよう》があります。この本の電子工作では、インターネットに接続《せつぞく》していなくてもかまいません。この本で使うプログラミングのツールをインストールするためだけに必要《ひつよう》です。

インターネットに接続《せつぞく》するには、家庭にある Wi-Fi《ワイファイ》の機器《きき》を使うか、スマートフォンのテザリング（インターネット共有）という機能を使います。インターネットに接続《せつぞく》できるかどうかわからないときは、大人の人に聞くようにしましょう。

Wi-Fi《ワイファイ》の接続《せつぞく》は、右上にある Wi-Fi《ワイファイ》のアイコンをクリックします。しばらくすると、**SSID**《エスエスアイディ》という Wi-Fi《ワイファイ》の機器《きき》を示《しめ》す文字が表示されるので、おうちの機器《きき》で設定《せってい》した SSID《エスエスアイディ》を選びます。

SSID《エスエスアイディ》を選択《せんたく》する

すると、**Pre Shared Key**《プリ シェアード キー》と呼《よ》ばれる文字を入力する画面になります。Pre Shared Key とは、Wi-Fi《ワイファイ》 接続《せつぞく》のためのパスワードのようなものです。Wi-Fi《ワイファイ》 機器《きき》で設定《せってい》した文字を入力して、［OK］ボタンをクリックしましょう。

ファイルのダウンロード

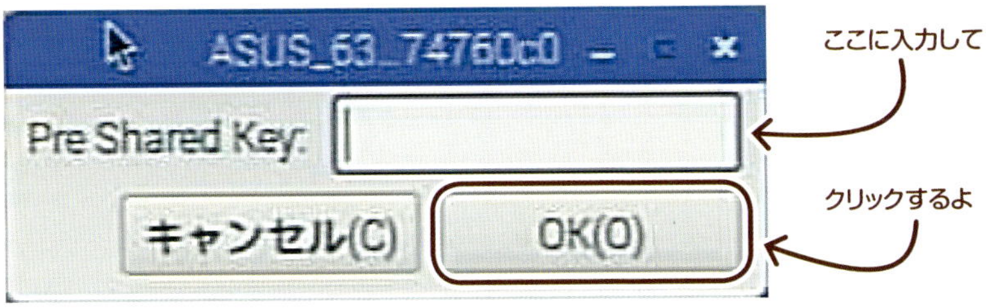

「ラズベリーパイの画面で、右から 2 つめのアイコンをクリックするんだね」

「あ、出てきた。あったよ、博士《はかせ》の ID はこれだね」

「キーの入力は、わたしがする」

Wi-Fi《ワイファイ》に接続《せつぞく》できると、アイコンが変わります。

Wi-Fi《ワイファイ》に接続中《せつぞくちゅう》

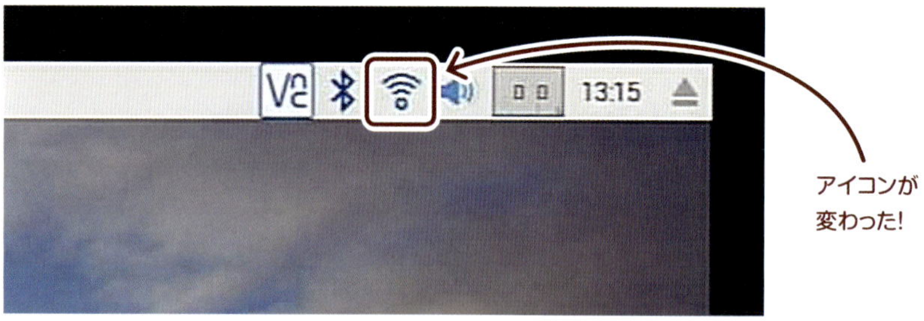

Scratch《スクラッチ》 GPIO《ジーピーアイオー》のインストール

メニューバーの左から 4 つめにある、**L X《エルエックス》 Terminal《ターミナル》** というアイコンをクリックします。黒い画面があらわれるので、そこに、「**wget https://git.io/vMS6T -O isgh8.sh**」とキーボードから入力して、最後にエンターキーを押《お》します。英語の大文字と小文字が混《ま》じっていますので、注意しましょう。

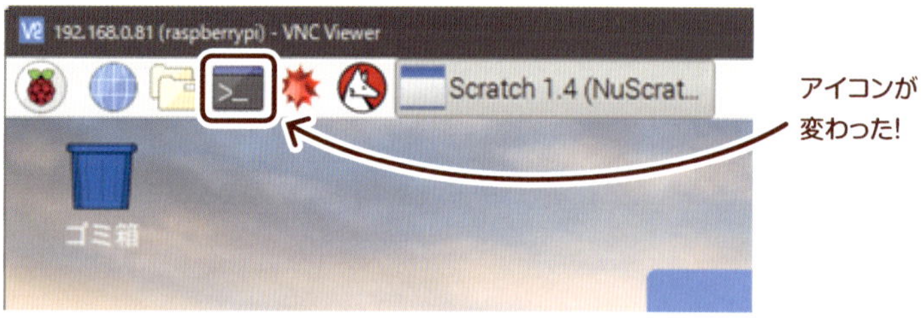

「キーボードの練習と思って、ちょっと入力してごらん」

「なんだか呪文《じゅもん》みたい」

「大文字は、どうやったらいいのかな」

「シフトキーを押《お》しながら打てば、大文字になるよ」

ファイルのダウンロード

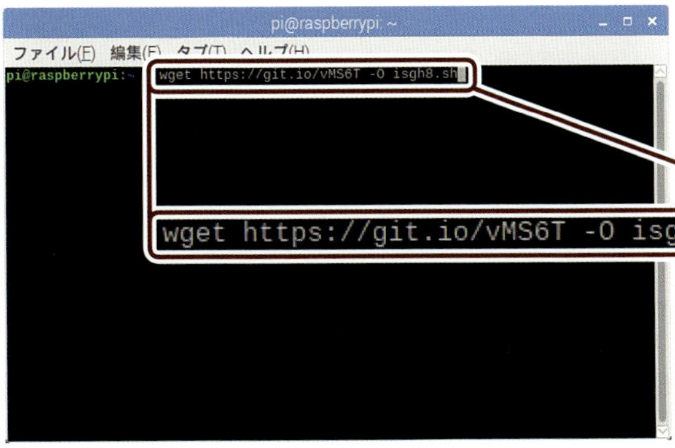

wget https://git.io/vMS6T -O isgh8.sh
と入力しよう

するとインストール用のプログラムファイルがダウンロードされます。ダウンロードが完了《かんりょう》すると、次のような表示になります。

ダウンロード完了《かんりょう》

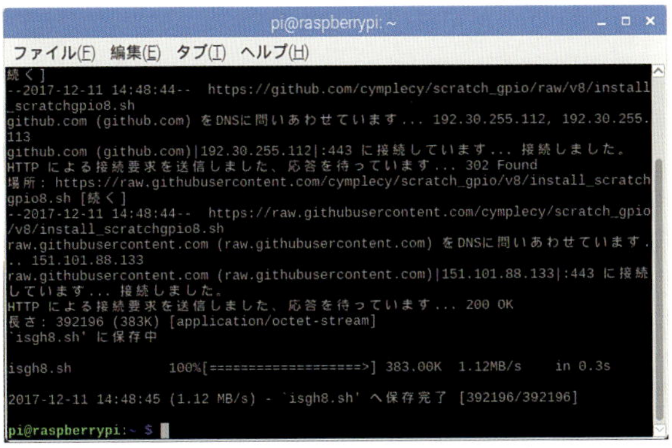

インストール実行《じっこう》

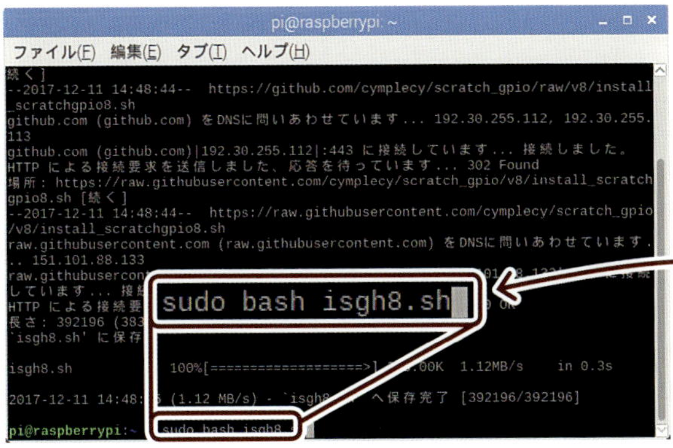

sudo bash isgh8.sh
と入力して、最後にエンターキーを押《お》そう

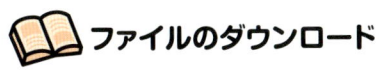

これで、プログラムのインストールが始まります。しばらくするとインストールが完了《かんりょう》して、ラズベリーパイの壁紙《かべがみ》に、「ScratchGPIO《スクラッチジーピーアイオー》 8」と「ScratchGPIO《スクラッチジーピーアイオー》 8plus」というアイコンが2つ追加されます。

インストール完了《かんりょう》

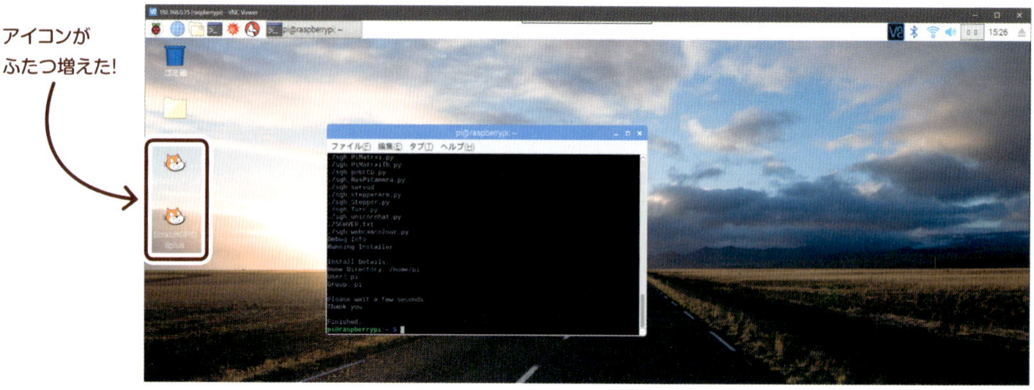

最後に、キーボードで「exit」を入力して、エンターキーを押《お》して、LX《エルエックス》ターミナル画面を終了《しゅうりょう》しておきましょう。

ターミナルの終了《しゅうりょう》

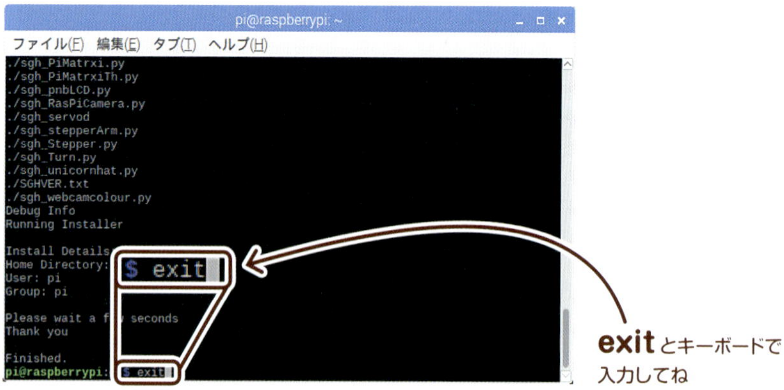

大人のかたへ　ScratchGPIO《スクラッチジーピーアイオー》

GPIO《ジーピーアイオー》は、ラズベリーパイと電子部品《ぶひん》をつなぐためのハードウェアのインターフェイスです。LED《エルイーディ》の点灯《てんとう》や、電圧《でんあつ》などの読み取りにつかいます。ScratchGPIO《スクラッチジーピーアイオー》は、Scratch《スクラッチ》でGPIO《ジーピーアイオー》の制御をわかりやすく行うためのソフトウェアです。GPIO《ジーピーアイオー》については、第3章《しょう》でも説明します。

大人のかたへ　LX Terminal《エルエックスターミナル》

LX Terminal《エルエックスターミナル》は、ターミナルアプリケーションと呼《よ》ばれるソフトウェアです。ターミナルアプリケーションとは、マウスを使ったグラフィカルな操作《そうさ》ではなく、キーボードから文字を入力して、OS《オーエス》の操作《そうさ》や設定《せってい》などを行うソフトウェアです。

第2章

Scratch《スクラッチ》で遊んでみよう

ふう、やっと終わった。なんだか、呪文《じゅもん》をうちこんだ気分

それじゃあ、スクラッチでプログラミングしてみようか

また新しい呪文《じゅもん》かな

ブロックを使うだけだし、かんたんで楽しいよ

ブロックってなに？　おもちゃ？

ひとまずやってみよう！

Scratch《スクラッチ》とは

ラズベリーパイで動くソフトを作るには、プログラムが必要《ひつよう》です。プログラムできるソフトウェアはいろいろありますが、この本では、ラズベリーパイに最初からインストールされていて、すごくわかりやすいScratch《スクラッチ》を使います。この章《しょう》では、Scratch《スクラッチ》で遊んでみましょう。

Scratch《スクラッチ》で遊ぶ手順

1. Scratch《スクラッチ》を動かす
2. Scratch《スクラッチ》の設定《せってい》
3. Scratch《スクラッチ》のブロックをためす
4. Scratch《スクラッチ》のブロックを組み立てる
5. プログラムを動かす
6. プログラムを保存する GOAL

Scratch《スクラッチ》は、だれでもかんたんにプログラムができるソフトウェアです。積《つ》み木みたいなブロックを組み合わせて、プログラミング（プログラムを作ること）をします。アメリカのマサチューセッツ工科大学（MIT《エムアイティー》）にあるメディアラボという研究所で作られました。

Scratch《スクラッチ》の画面

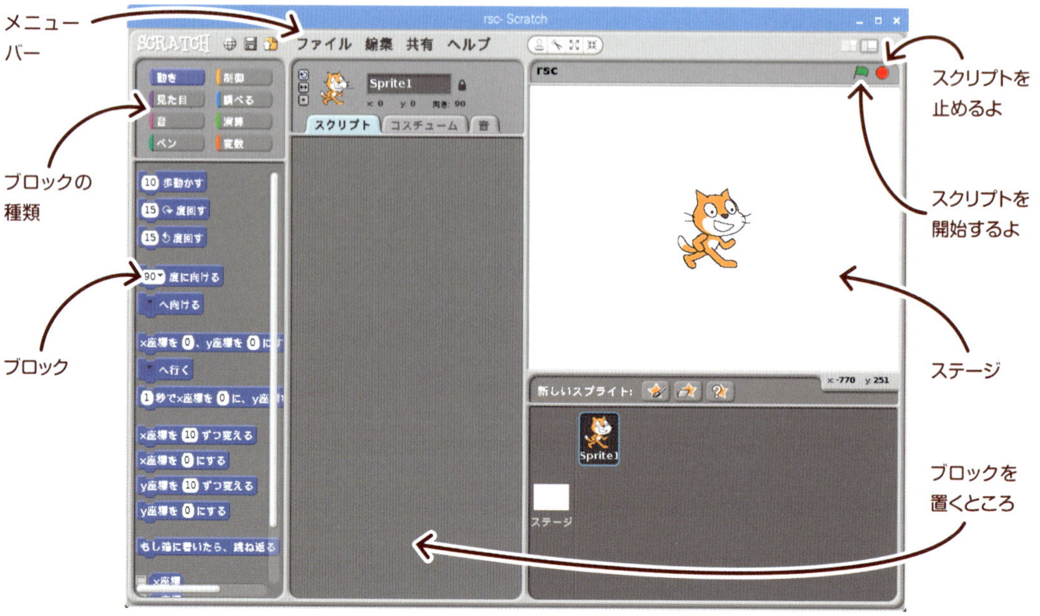

「さて、ラズベリーパイが動いたことだし、プログラムを勉強してみようか」

「プログラムって、よく聞くけど、どういうものなの？」

「運動会のプログラムなら知っているよ」

運動会のプログラムは、最初に入場して、それから校長先生のあいさつ、といったように、何が行われるかを順番に書いたものです。コンピュータのプログラムも似ていて、コンピューターに対して、何をさせるか（指示《しじ》、命令《めいれい》）を順番に書いたものです。

Scratch《スクラッチ》では、そのプログラムを**スクリプト**と呼《よ》び、積《つ》み木のようなブロックを組みあわせて作っていきます。

Scratch《スクラッチ》の設定《せってい》

「だいたいわかったから、早くやろうよ」

「じゃあ、アイコンをマウスでカチカチってやって…」

「あ、スクラッチが表示されたよ」

Scratch《スクラッチ》のアイコン

壁紙《かべがみ》にある「ScratchGPIO《スクラッチジーピーアイオー》 8」というアイコンを、マウスでカチカチ（ダブルクリックといいます）すると、Scratch《スクラッチ》が起動《きどう》します。

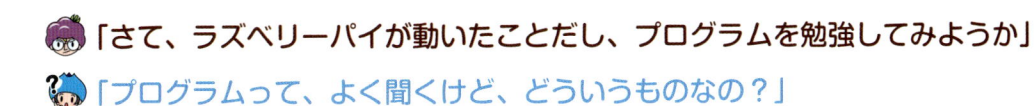

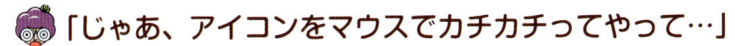

このアイコンをカチカチするよ

漢字まじりのメニュー

最初はメニューの表示に漢字がまじっています。このままでもいいですし、すべてひらがなの表示に変更《へんこう》することもできます。

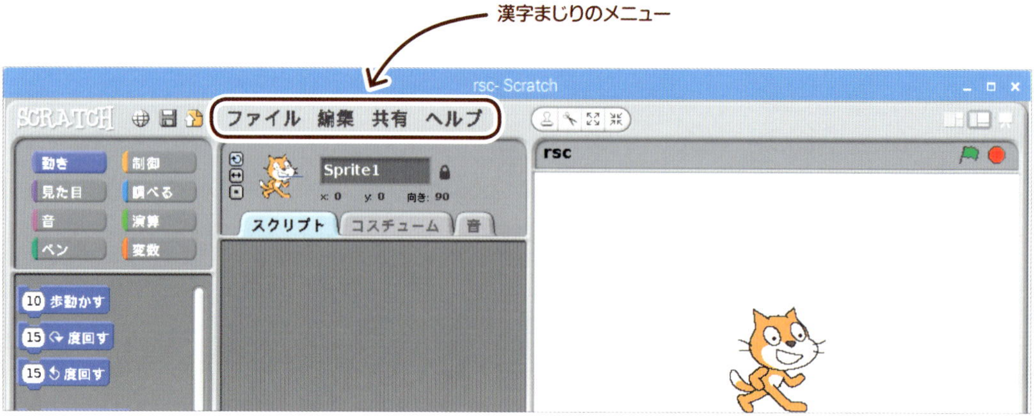

にほんごの設定《せってい》

メニューをひらがなに変更《へんこう》するには、メニューバーの地球マークをクリックします。言葉の一覧《いちらん》がでてきますが、日本語はここには含《ふく》まれていないので、最後の more（さらに表示するという意味）にカーソルをあわせます。つぎにもないので、また more にあわせると、[にほんご] と出てくるので、それにあわせて、マウスをクリックします。

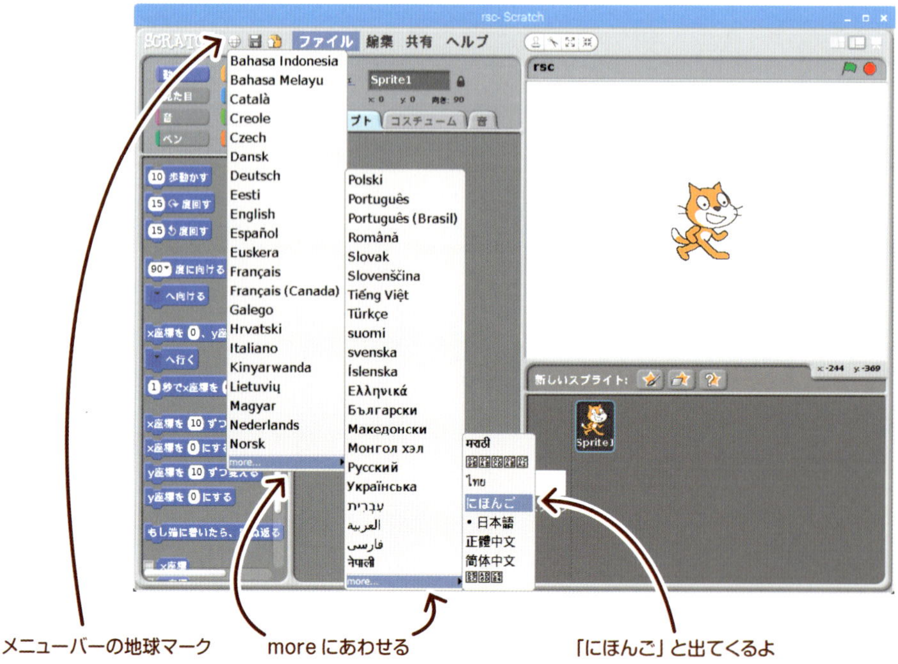

にほんごのメニュー

すると、メニューなどの表示が、すべてひらがなに変わります。

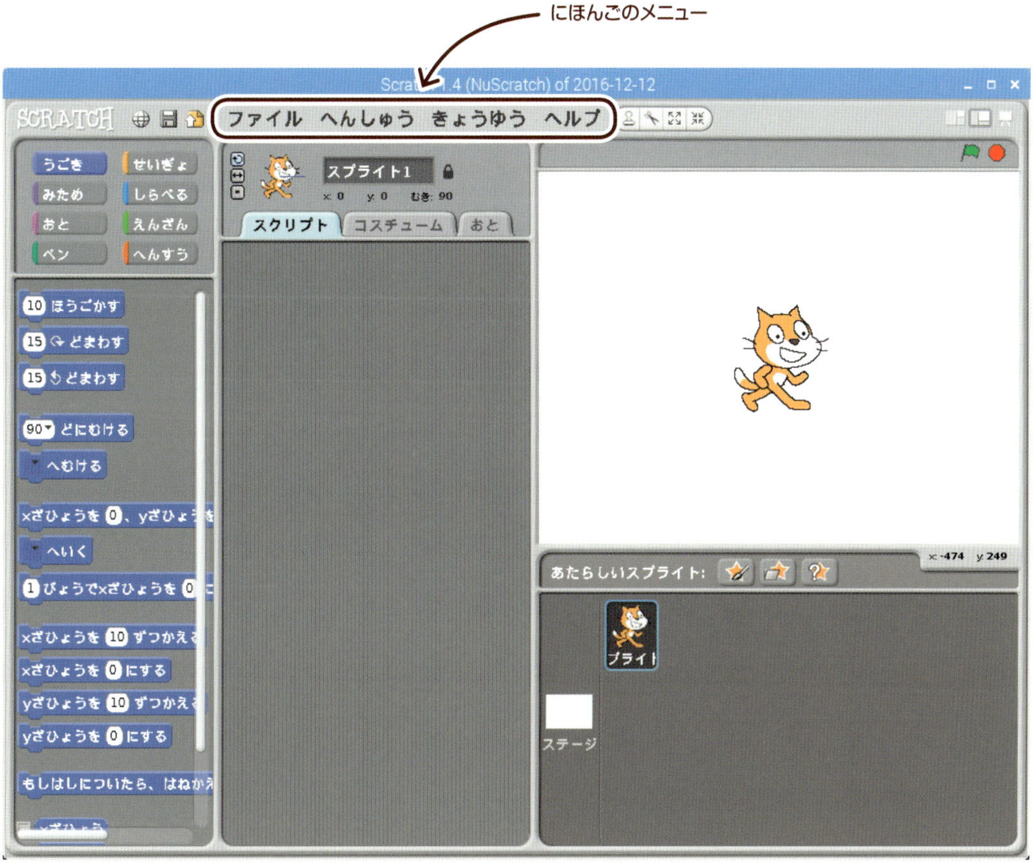

「これでわかりやすくなったね」

「ワタシは、これぐらいなら漢字でもわかるよ」

「ホントに？」

「そんなことより、次はどうやるの？」

Scratch《スクラッチ》の画面のかくにん

Scratch《スクラッチ》は、3つの画面にわかれています。

いちばん右側のネコ（スクラッチキャット）がいる画面は、ステージといいます。このステージには、プログラムを動かした結果が表示されます。

画面の左側は、コンピューターへの指示《しじ》が書かれたブロックの置き場です。このブロックを、真ん中の欄《らん》（スクリプトの表示があるところ）に移動《いどう》させて、プログラムを組み立てます。Scratch《スクラッチ》では、プログラムのことを**スクリプト**と呼《よ》んでいます。

Scratch《スクラッチ》の画面《がめん》

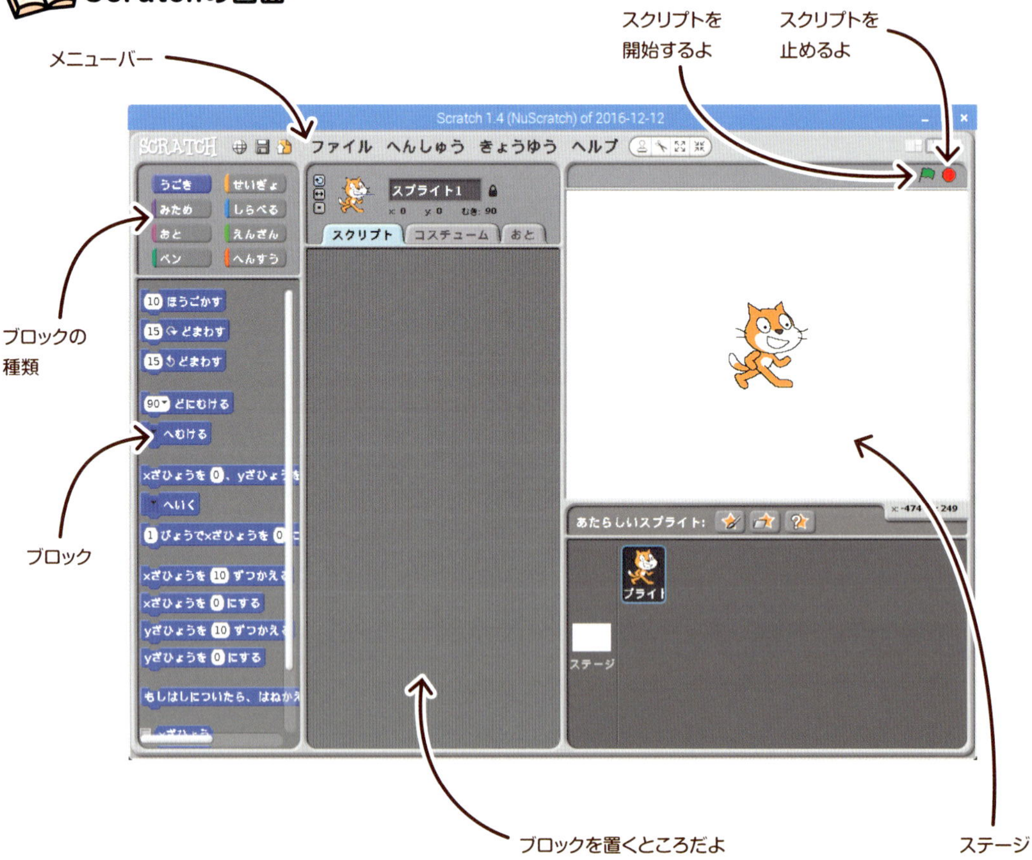
スクリプトを
開始するよ
スクリプトを
止めるよ
メニューバー
Scratch 1.4 (NuScratch) of 2016-12-12
ファイル へんしゅう きょうゆう ヘルプ
ブロックの
種類
ブロック
ブロックを置くところだよ
ステージ

「Scratch《スクラッチ》のネコ、名前とかあるのかな」

「スクラッチキャットとも呼《よ》ばれてる」

「なんだか、そのままね」

「このネコが動いたりするんだね！」

ブロックは、次のような種類ごとにわかれています。種類のボタンを押《お》すことで、選べるブロックを変更《へんこう》することができます。

ブロックの種類	説明
うごき	スクラッチキャットを動かしたり、位置を表示したりする
みため	スクラッチキャットの絵や大きさを変える
おと	音を鳴らす（ただしラズベリーパイZero《ゼロ》だけでは音は鳴りません。音を鳴らすには、音を出すスピーカーなどの部品《ぶひん》がいります）
ペン	ステージに線を描《か》く
せいぎょ	プログラムの動作を切り替《か》える
しらべる	マウスなどの情報を調べる
えんざん	数を操作《そうさ》する
へんすう	数の入れ物をつくる

ブロックの種類

最初に 最初は、画面の左にある［うごき］のボタンが青くなっていて、うごきのブロックが表示されています。もし、他のボタンが選ばれていたら、［うごき］のボタンをクリックしてください。

ここで、［10 ほうごかす］のブロックの上でマウスをクリックしてみよう。ブロックをクリックすると、そのブロックの指示《しじ》を確かめることができます。

10歩動いた

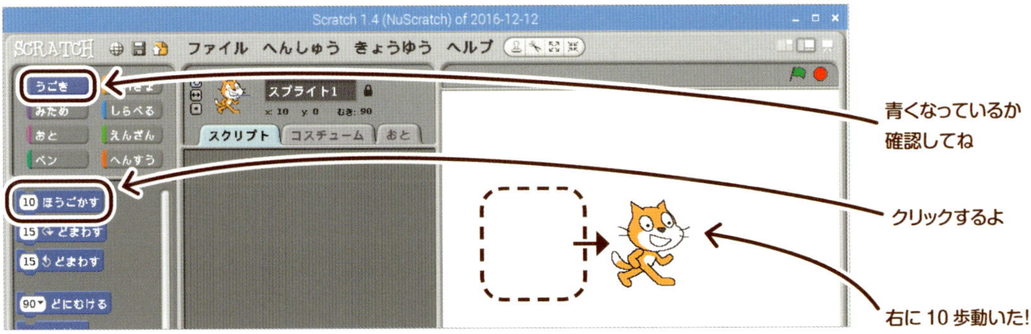

［10 ほうごかす］ブロックは、スクラッチキャットを 10 歩動かす、という指示《しじ》になっています。このように、ブロックそれぞれは、コンピューターへの指示《しじ》になっています。ブロックの指示《しじ》をいくつも組み合わせることで、いろいろなプログラムができるようになります。

ブロックをドラッグアンドドロップしよう

「じゃあ、ブロックをドラッグアンドドロップしてごらん」

「それは、何かの呪文《じゅもん》？」

「知らないの？　マウスで操作《そうさ》すること。こうやって…」

「なんだ、そのことか！」

マウスをクリックしたまま、マウスを移動《いどう》することをドラッグといいます。そしてマウスのクリックをやめて指をはなすことを、ドロップといいます。これらの操作《そうさ》を続けておこなうことを、ドラッグ・アンド・ドロップといいます。

10 ほうごかすブロックをドラッグアンドドロップして、画面の真ん中のスクリプトの欄《らん》に置きましょう。Scratch《スクラッチ》 では、このようにしてブロックをドラッグアンドドロップすることで、プログラムを組み立てます。

10ほうごかすブロックをドラッグアンドドロップ

いよいよ プログラミング！

Scratch《スクラッチ》では、ブロックをつなげていくだけで、いろいろなプログラムができます。
まずは基本のブロックを使って、プログラミングの一歩を踏《ふ》みだしましょう。

「今度は、せいぎょのボタンを押《お》してブロックを切り替《か》えよう」

「はい」

「次に［がクリックされたとき］を、スクリプトに…」

「ドラッグアンドドロップね！」

スクリプトを開始するよ！

次に、せいぎょのボタンを押《お》してブロックを切り替《か》えます。そして［がクリックされたとき］のブロックを配置《はいち》します。

このブロックを配置《はいち》するのは、ステージの右上にあるをクリックしたときに、スクリプトが開始するようにするためです。

「今度は、ドラッグアンドドロップだけじゃなくて、ふたつのブロックをつなげるよ」

「つなげる？」

「どうするの？」

「次のページで説明するぞ！」

[がクリックされたとき] のブロックを配置《はいち》

[がクリックされたとき] のブロックを [10 ほうごかす] ブロックの上に近づけてつなげます。ブロックの上や下に、凹凸《おうとつ》の形があります。この形は、ブロックをつなげることができる、という印になっています。ブロック同士を近づけると、つなげることができる場合、白い線があらわれます。白い線があらわれたときにドロップすると、ブロックがつながります。

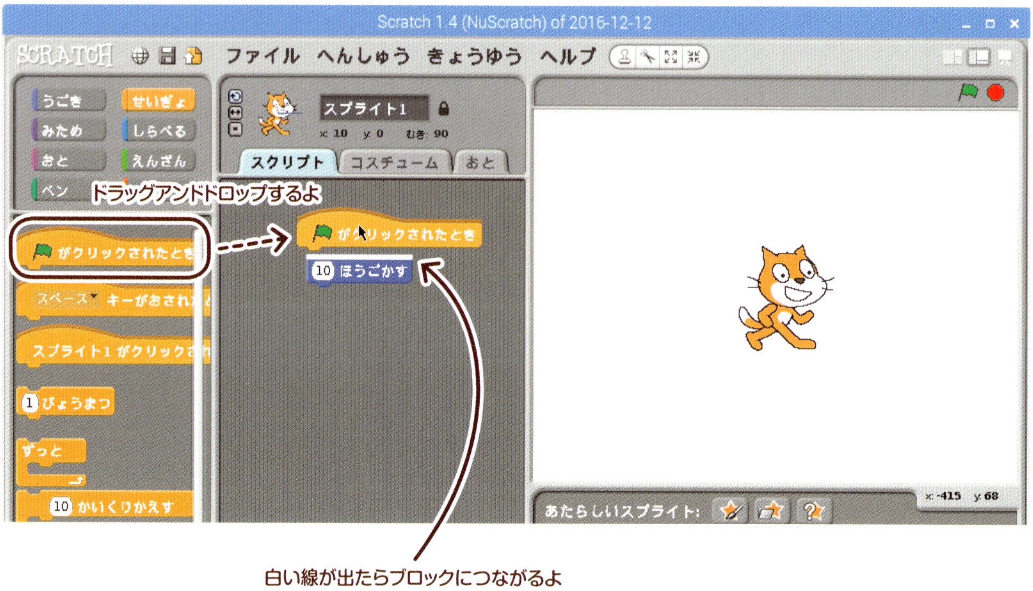

ブロックが連結《れんけつ》された

「つなげたら、をクリックしてごらん」

「ワタシがクリックするね」

「あっ動いた！」

［がクリックされたとき］というブロックは、がクリックされると、下につながっているブロックの指示《しじ》を動かします。このように、つながっているブロックは、上から、ひとつずつ順番に動くようになっています。

くりかえし動かそう

「動いたけど、これだけじゃおもしろくないよ」

「だね」

「じゃあ、スクラッチキャットを画面の右端《はし》まで動かすにはどうしたらいいと思う？」

「…ブロックを下につなげばいいんじゃない？」

［10 ほうごかす］ブロックをどんどんつないでいけば、つづけて動かすことができます。でも、同じ動きをさせるなら、もっといい方法があります。それは、［ずっと］というブロックを使うことです。［ずっと］ブロックは、囲んでいるブロックをくりかえして動かします。

次のページで
「ずっと」ブロックを
配置《はいち》するよ!

[ずっと] ブロックを近づける

［ずっと］ブロックを、つながっている２つのブロックの間にもっていきます。すると、ずっとブロックの、コの反対のような形のなかに、［10 ほうごかす］ブロックがはいる形になります。これで、10 ほうごかすブロックをずっとくりかえし動かす、というスクリプトになります。

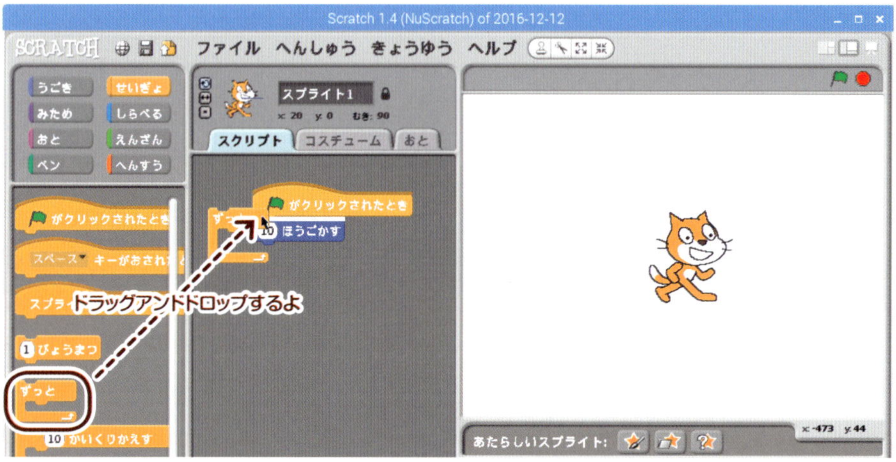

[ずっと] ブロックを配置《はいち》した

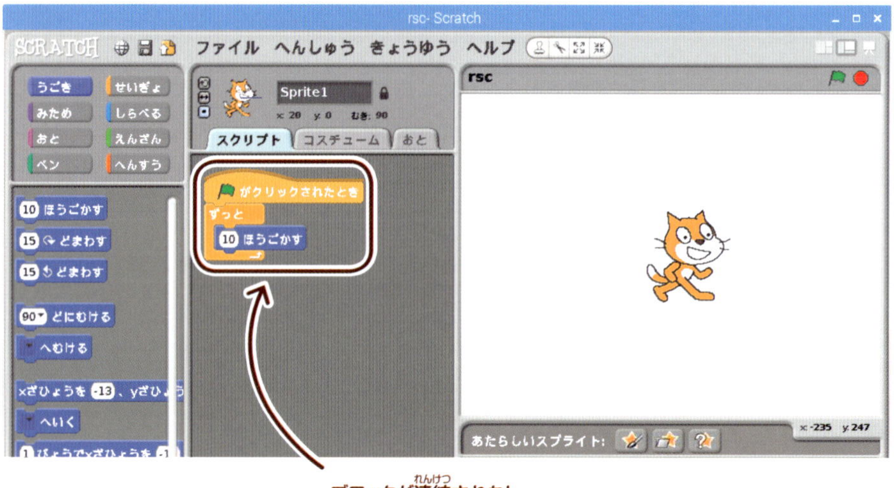

ブロックが連結《れんけつ》された!

大人のかたへ　スプライトとは?

Scratch《スクラッチ》には、スプライトという画像を表示するための機能があります。スプライトは、昔のアニメーションのセル画のように、透明なシートに１つの画像を表示するようなしくみです。複数の画像を表示しても、シートを重ねたように、それぞれ個別に自由に動かしたり、変形させることができます。Scratch《スクラッチ》のステージは、このスプライトと背景の画像を重ねて表示されています。

スクリプトを止めるには

「［ずっと］ブロックを使えば、いっぱいつなげなくてもいいんだね」

「じゃあ、はたをクリックするよ！」

「動いた！…あれ!?」

「スクラッチキャットは止まってるけど…かくれたまま？」

スクラッチキャットがかくれた

［ずっと］ブロックを使えば、ブロックをくりかえし動かすことができます。ただし、本当にずっとくりかえしてしまい、プログラムが動いたままになっています。ただスクラッチキャットは、ステージの端《はし》に行くと、それ以上進めなくなります。

プログラムが動いているときは、ブロック全体が白い線で囲まれます。プログラムを止めるには、右上の赤い丸いボタンをクリックしましょう。

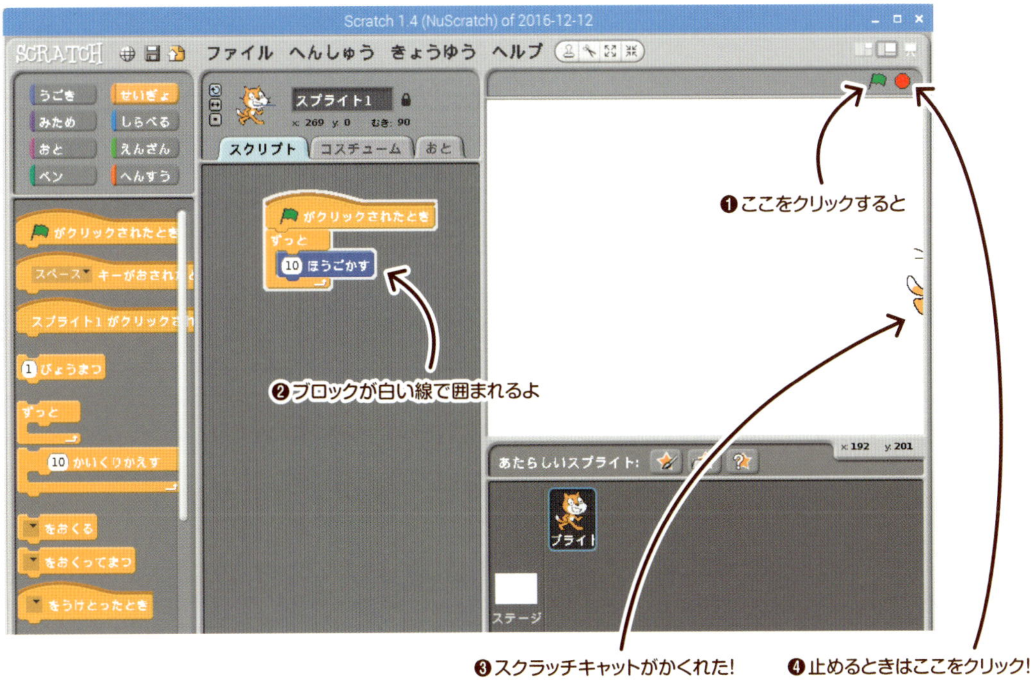
Scratch 1.4 (NuScratch) of 2016-12-12
ファイル へんしゅう きょうゆう ヘルプ
スプライト1
スクリプト コスチューム おと
がクリックされたとき
ずっと
10 ほうごかす
❶ここをクリックすると
❷ブロックが白い線で囲まれるよ
あたらしいスプライト:
ステージ
❸スクラッチキャットがかくれた!
❹止めるときはここをクリック!

「スクラッチキャットも、ブロックと同じように、ドラッグアンドドロップで動かすことができるぞ。プログラムを止めたら、いったんスクラッチキャットをステージの真ん中に戻《もど》しておこう」

端《はし》までいったらどうするの?

「スクラッチキャットがずっと動いているようにするには、どうしたらいいと思う?」

「右端《はし》で、かくれちゃうから…」

「そこで、向きを変えたらどうかしら?」

「もしはしについたら、はねかえる」ブロックを配置《はいち》

ずっとブロックを利用すると、くりかえしスクラッチキャットを動かすことができました。でもそれでは、ひとつの方向に動くだけです。しかも、スクラッチキャットは右端《はし》に行ったら、かくれてしまいました。

そこで、スクラッチキャットが右端《はし》まで行ったときに、向きを変えるようにします。右端《はし》に行ったら向きを変えるには、うごきの種類にある［もしはしについたら、はねかえる］というブロックを使います。このブロックを［10 ほうごかす］のブロックの下につなげます。

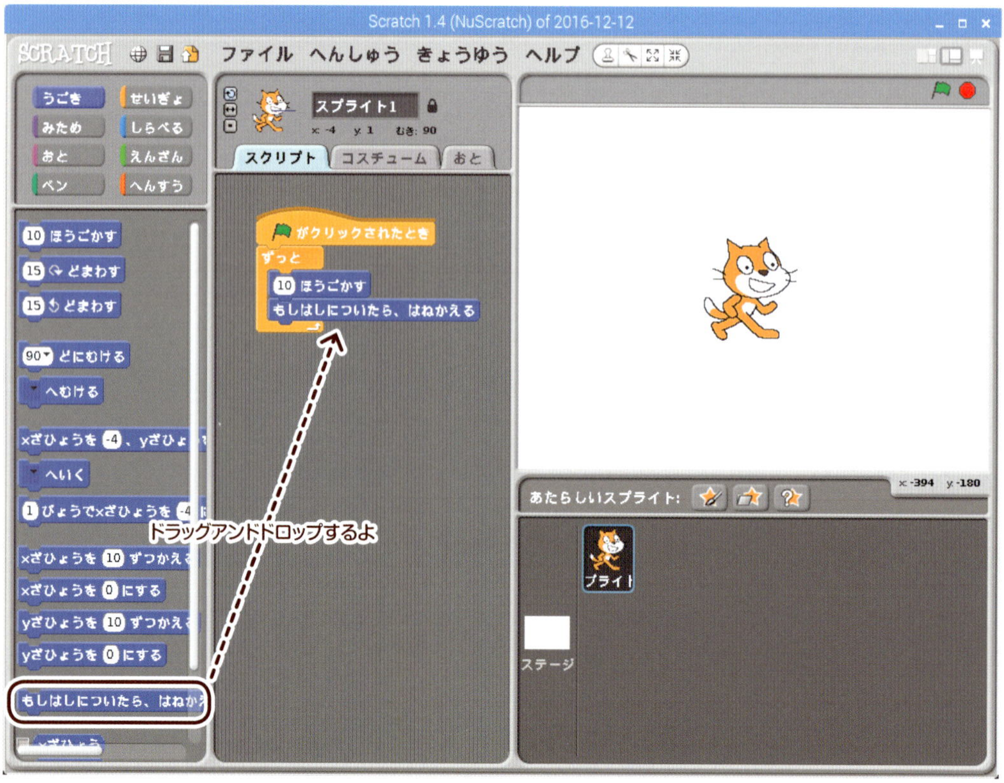

「かんたん、かんたん、ほらできた！」

「…スクラッチキャットはひっくりかえるけど、行ったりきたりして、動いてるね」

スクラッチキャットには、動く向きがあります。最初は右向き（真上が 0 度《ど》で、右回りに 90 度《ど》回転した状態《じょうたい》）になっているので、右に動きます。［もしはしについたら、はねかえる］というブロックは、スクラッチキャットが右端《はし》についたら、動く向きを反対（180 度《ど》回転させる）にします。その結果、スクラッチキャットは左向きに動きます。

左向きに動いていき、左端《はし》についたら、また向きが反対の右向きになります。この動きをずっとくりかえすので、スクラッチキャットは止まらずに動き続けるというわけです。

ひっくり返って（左向きに）動いてる

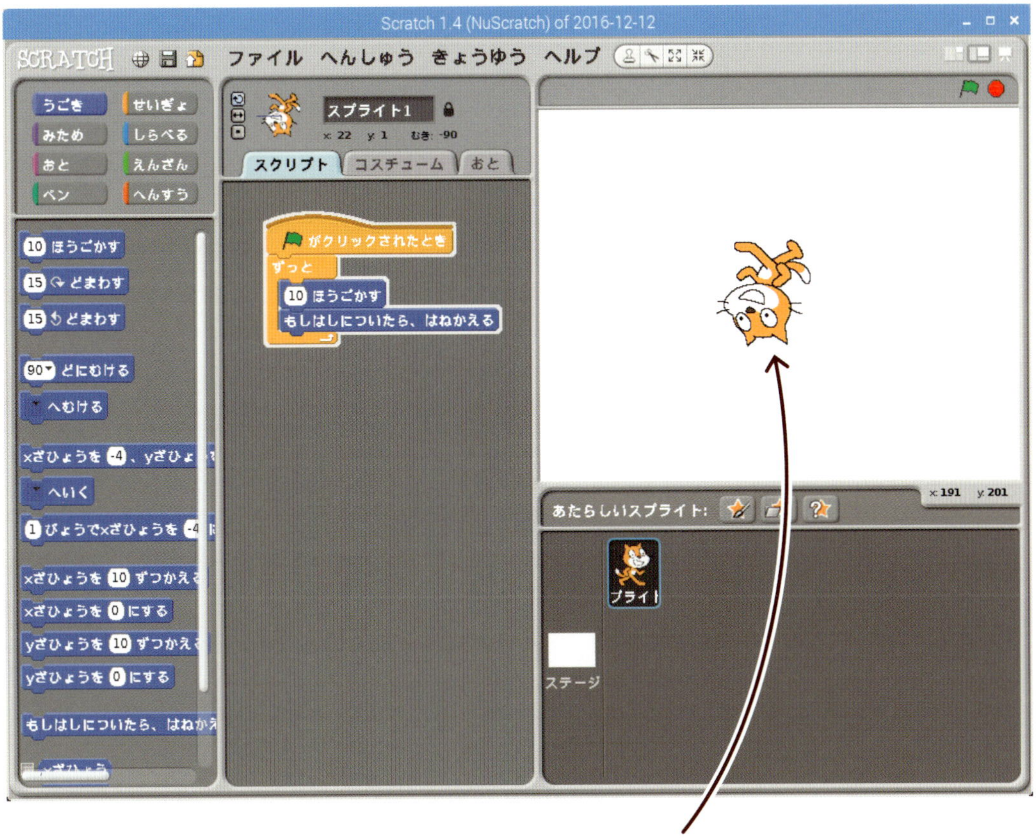

ひっくり返って（左向きに）動いてるよ

スクラッチキャットを回転しよう

「スクラッチキャットが、ひっくりかえるのは、どうにもならないの？」

「それなら［さゆうにはんてんするだけ］っていうボタンを押《お》してごらん」

「あ、今度は、ひっくり返らないよ」

回転の設定《せってい》

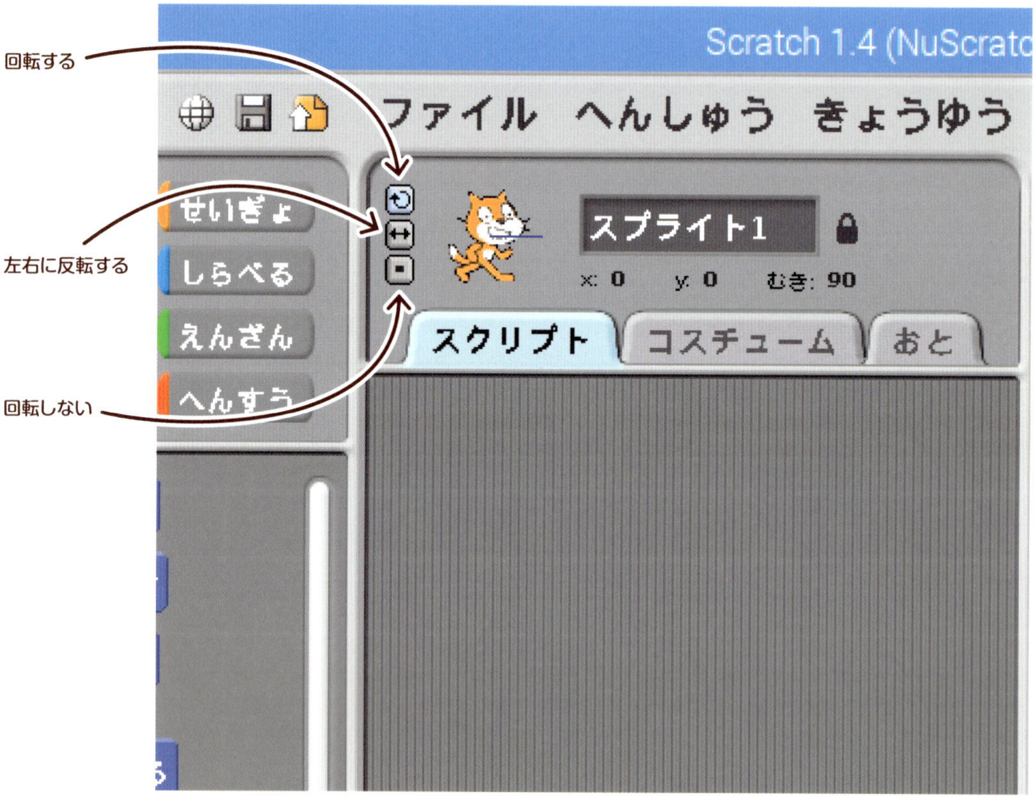

スクラッチキャットは、ひっくりかえらないようにできます。

画面真ん中のスクラッチキャットの左に、縦《たて》に3つボタンがならんでいます。このボタンは、スクラッチキャット（スプライト）の回転を設定《せってい》するボタンです。最初は、一番上のボタン（かいてんする）が選ばれていて、スクラッチキャットは回転するようになっています。真ん中のボタン（さゆうにはんてんするだけ）を押《お》すと、回転しないで、ぱたんと倒《たお》したように左右反転するだけになります。下のボタン（かいてんしない）を押《お》すと、スクラッチキャットの向きが変わっても、絵はそのままになります。

反転して（左向きに）動いてる

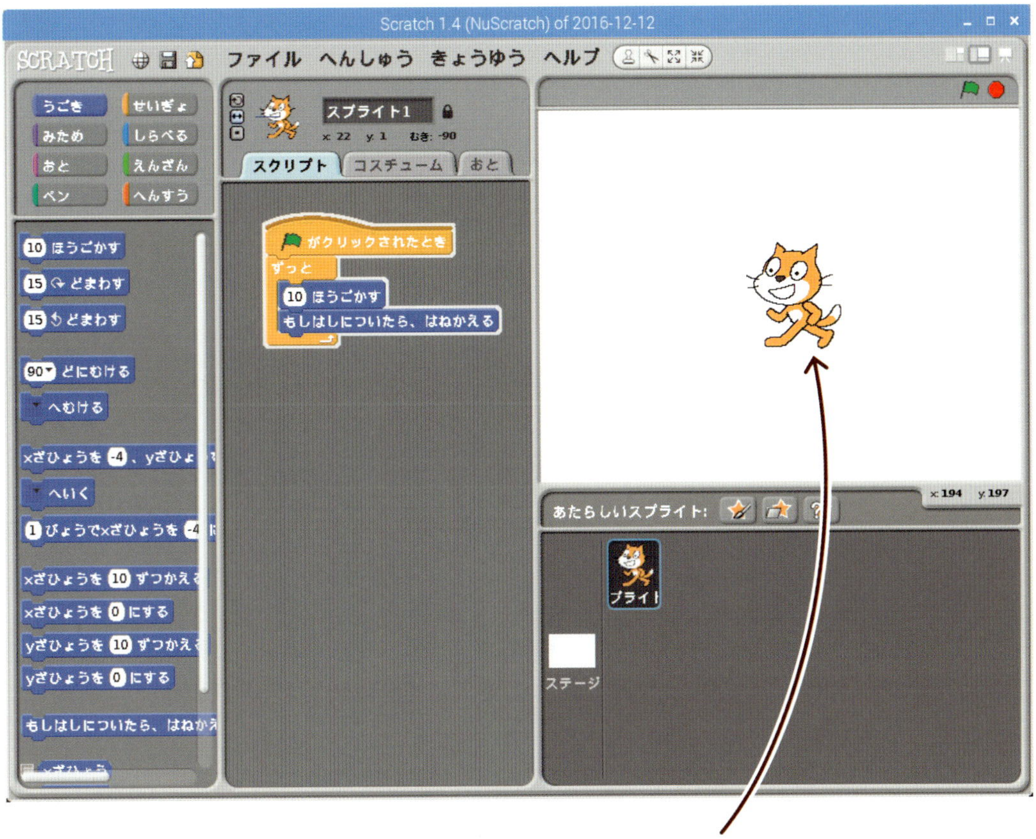

ひっくり返って（左向きに）動いてるよ

スクリプトを保存してみよう

「プログラムを保存しておこうか」

「保存？　どこに？」

「ラズベリーパイの中だね」

「ゲームのセーブみたいなものね」

作ったプログラム（スクリプト）は、ラズベリーパイの電源《でんげん》を切ると消えてしまうので、保存しておきます。スクリプトを保存するには、メニューのファイルから［なまえをつけてほぞん］か、［ほぞんする］を選びます。

ファイルメニュー

はじめて保存する場合は、［なまえをつけてほぞん］を選びます。

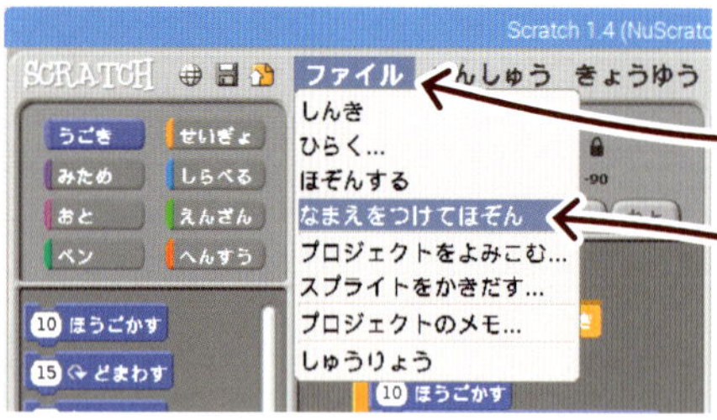

［ファイル］をクリックするよ

［なまえをつけてほぞん］を選ぶよ

名前をつけて保存する

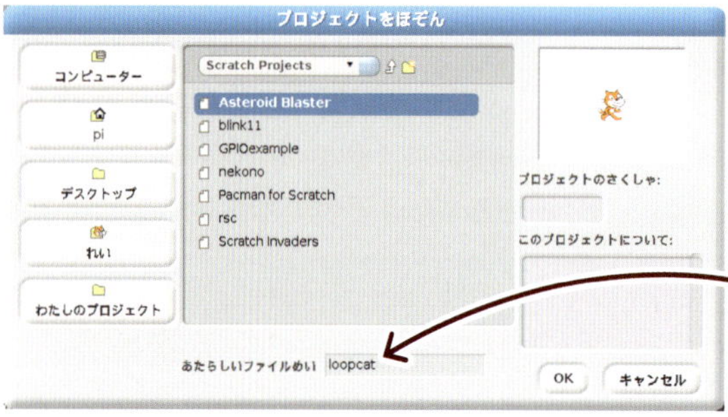

名前を入力。日本語は使えないので、たとえば［loopcat］などのようにキーボードから入力したあと、［OK］ボタンをクリックするよ

これは、ファイルに名前をつける画面です。ファイルとは、スクリプトなどのコンピュータであつかう情報《じょうほう》をまとめたものです。作ったスクリプトをファイルとして保存します。画面のタイトルは［プロジェクトをほぞん］となっています。Scratch《スクラッチ》では、このようなScratch《スクラッチ》のプログラムのファイルのことを、**プロジェクト**と呼《よ》んでいます。

［あたらしいファイルめい］のところに、好きな名前をアルファベットで入力します。

プロジェクトをひらく

保存したスクリプトは、あとから読みこむことができます。ファイルのメニューから［ひらく］を選ぶと、次のように保存されているスクリプトのファイルが表示されます。

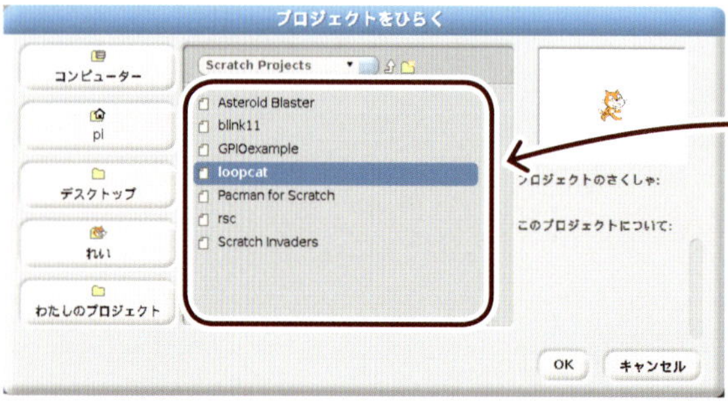

保存されているファイルが表示されるよ。読みこみたいスクリプトの名前をクリックして、［OK］ボタンをクリックしよう

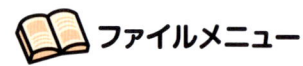

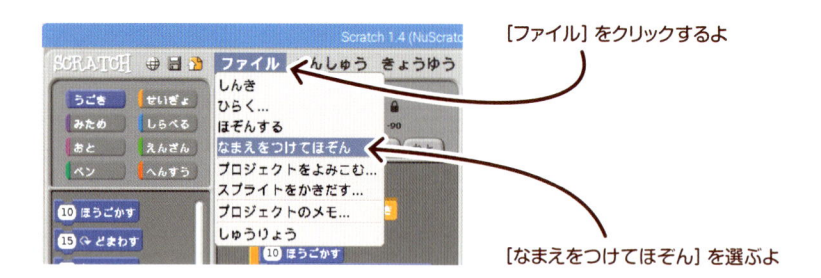

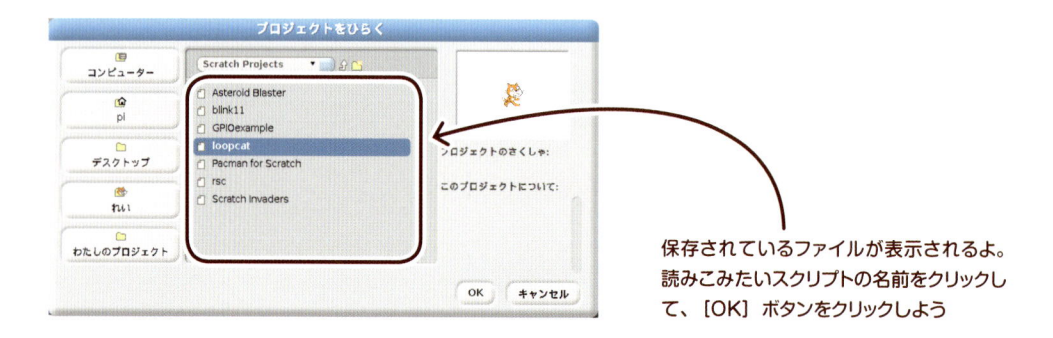

第3章

LED《エルイーディ》(発光《はっこう》ダイオード)の実験《じっけん》をしてみよう

いよいよ電子工作のはじまりだよ。まずは、光る部品をつないでみよう

光る部品って、なにかな？

その部品を、この白い板にグサッと差しこんで、それからラズベリーパイに…

え？　ラズベリーパイの話をしてるの？

ぼ、ぼくにもできるかな？

LED《エルイーディ》の実験《じっけん》をしてみよう

ラズベリーパイ Zero《ゼロ》 W《ダブリュー》 の準備《じゅんび》もできて、Scratch《スクラッチ》 の使い方もわかったね。これから、いよいよ、電子工作の入り口だよ。

用意《ようい》するもの

ラズベリーパイ Zero《ゼロ》 W《ダブリュー》

これがなくちゃ始まらない

抵抗《ていこう》 (330Ωなど)

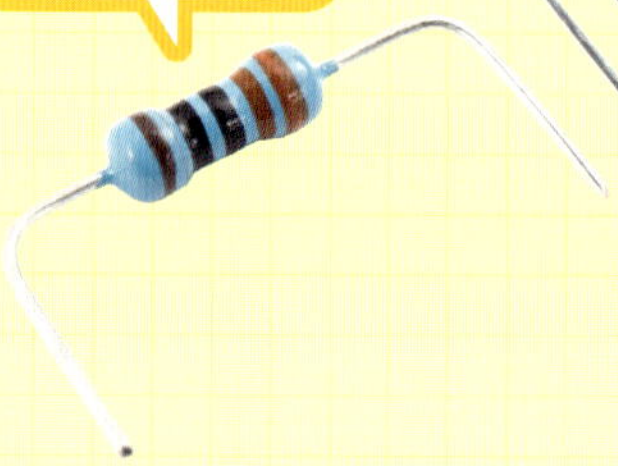

LED《エルイーディ》

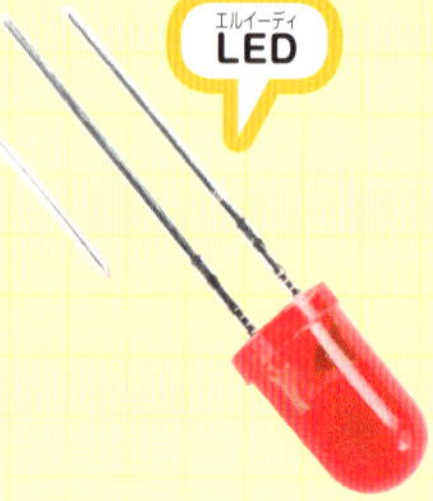

ラズベリーパイの工作には、ブレッドボードはとっても便利なんだ
部品《ぶひん》をつけたり、はずしたり、自由にできるんだね

ジャンパワイヤ、ジャンパピン

ブレッドボード

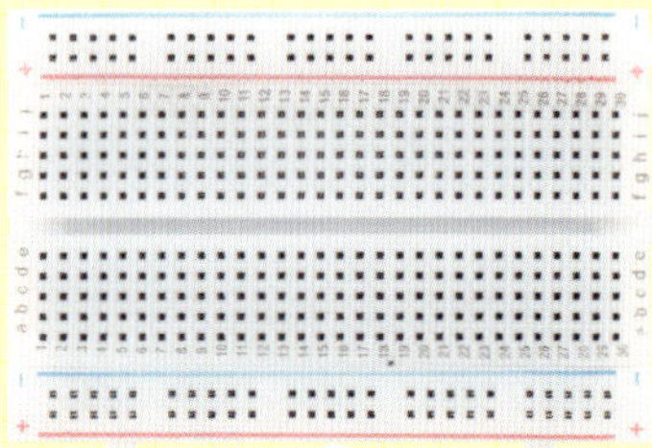

これに部品《ぶひん》を差しこむよ

実験《じっけん》のめあて

この章《しょう》の実験《じっけん》では、次の２つがめあてになります。

❶ラズベリーパイにLED《エルイーディ》をつないで光らせること
❷Scratch《スクラッチ》でLED《エルイーディ》の光を変化させること

まずは、ラズベリーパイにLED《エルイーディ》をつないで光らせてみます。つなぐといっても、ブレッドボードに直接LED《エルイーディ》をつなぐわけではありません。ブレッドボードという板を使って配線《はいせん》します。LED《エルイーディ》を光らせるには、どのようにつないだらいいのか、考えながらつないでみましょう。

そして、そのLED《エルイーディ》の明るさを、第２章《しょう》で説明したScratch《スクラッチ》をつかって変化させてみます。

実験《じっけん》の大まかな流れは、次のようになります。

1. ブレッドボード、ジャンパワイヤの用意
2. LED《エルイーディ》、抵抗《ていこう》の用意
3. 配線《はいせん》
4. Scratch《スクラッチ》の作成
5. をクリック！ GOAL

ブレッドボード、ジャンパを用意しよう

ブレッドボードとは、どんな板?

「ねえ、博士《はかせ》。ラズベリーパイはあるけど、電子工作には何が必要《ひつよう》なの？」

「そうだね、ラズベリーパイの工作には、とっても便利なものがあるんだけど。えっと、どこにいったかな？あれは、どこにあるかな、イチゴ？」

「アレじゃわからないよ！」

「ほら、ちっちゃい穴《あな》がいっぱいある、白い板チョコみたいなの」

「板チョコみたいなの !?」

「あぁ、それなら、ここにあるよ」

「これこれ、これはね、ブレッドボードって言ってね。すごく便利なんだよ」

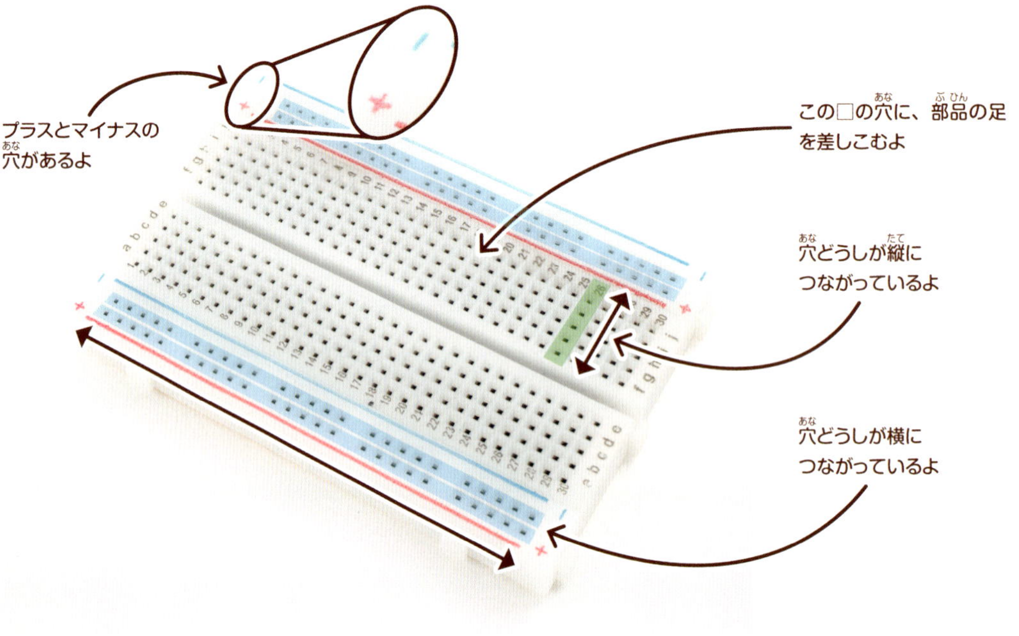
プラスとマイナスの穴《あな》があるよ
この□の穴《あな》に、部品《ぶひん》の足を差しこむよ
穴《あな》どうしが縦《たて》につながっているよ
穴《あな》どうしが横につながっているよ

ブレッドボードとは、電子部品《ぶひん》などのパーツをつないで、電子回路の実験《じっけん》をするのに便利な基板《きばん》のこと。ラズベリーパイ自体も、うすっぺらな基板《きばん》に電子部品《ぶひん》がとりつけられていますが、ラズベリーパイでは、部品《ぶひん》をとったりはずしたりはできません。ブレッドボードでは、自由にパーツをつけたりはずしたりして、電子回路を組み立てることができます。ラズベリーパイの「助手《じょしゅ》」のようなものですね。

「いっぱい穴《あな》があるけど、どこに差してもいいの？」

「じつはね、ブレッドボードは、中でつながっている部分があるんだよ。だから、どこでもいいわけじゃないんだ」

ブレッドボードの中身

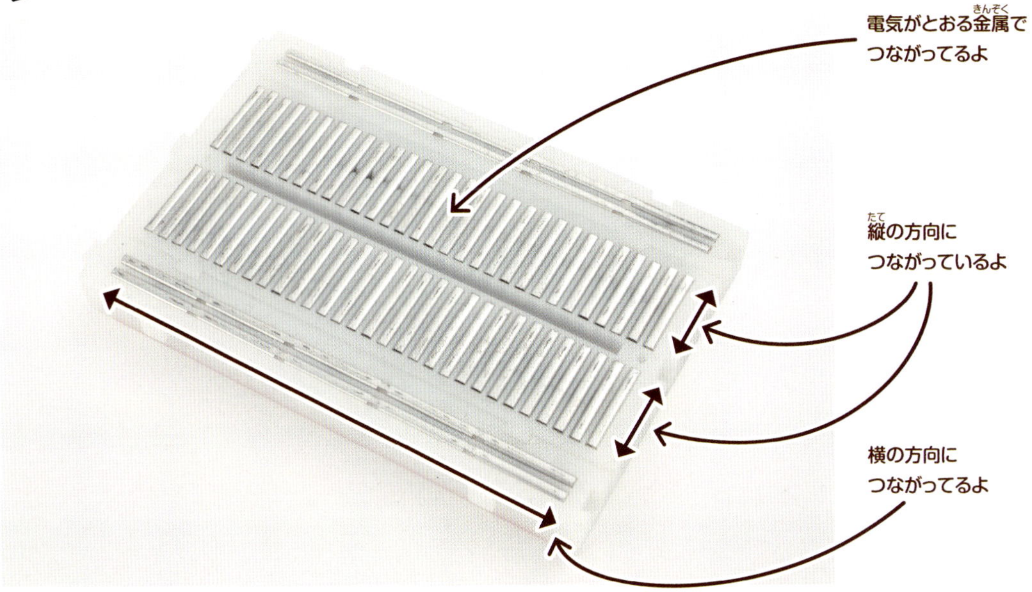
電気がとおる金属《きんぞく》で
つながってるよ
縦《たて》の方向に
つながっているよ
横の方向に
つながってるよ

ブレッドボードは、内部で、縦《たて》方向と横方向に金属でつながっているところがあります。この金属は、電気が流れる金属です。つながっている箇所《かしょ》を利用することで、電子回路を組み立てることができる、というわけです。

「部品《ぶひん》を差しこむだけで、いろんな回路ができるの？」

「もちろん、縦《たて》と横がつながっているだけじゃ無理だし、ラズベリーパイにつなげる必要《ひつよう》もあるね」

「そこで、ジャンパワイヤを使うのね？」

「ジャンパー??　服のことじゃないよね？」

「電線みたいなもんだね。配線《はいせん》をジャンプさせてつなげる線なので、ジャンパワイヤって呼《よ》ぶよ」

「ジャンパワイヤ、Amazon でたくさん買ったよ。えっと、オスーメス、オスーオス、全部で 20 本ぐらいあるかな」

「オス、メス ??」

ジャンパワイヤ

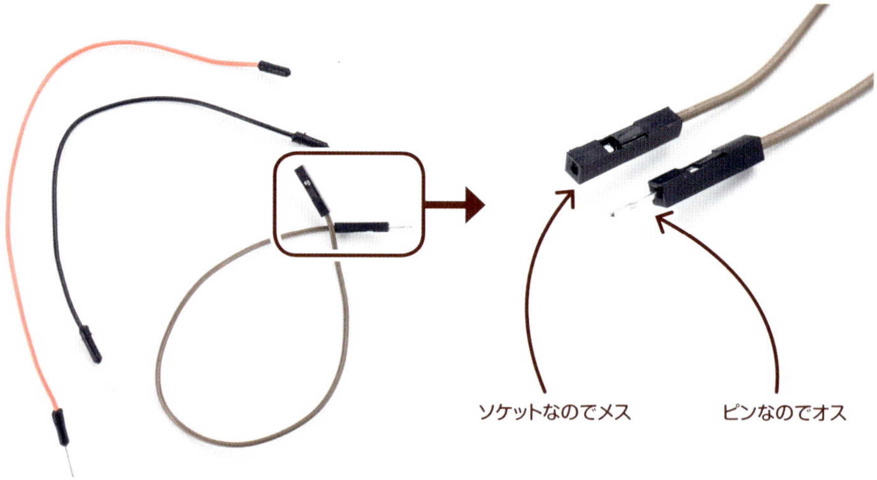

　ブレッドボードで使うためのジャンパワイヤは、ワイヤの両端《りょうはし》に、針《はり》のようなピンや、穴《あな》が空いたソケットがついています。ピンのことをオス、ソケットをメスと呼《よ》びます。

「ブレッドボードはすべてソケットで、ラズベリーパイは、とげとげのピンになっているから…」

「オス－メスのジャンパワイヤなら、つながるね！」

「ということは、ブレッドボードの配線《はいせん》には、オス－オスね」

ブレッドボードの正式名《せいしきめい》

　ブレッドボードの本当の名前は、ちょっと長くてソルダーレス・ブレッドボードといいます。ソルダーレスっていうのは、ハンダ付けが必要《ひつよう》ないって意味。ブレッドは英語でパンのことで、ブレッドボードは、そのパン生地をこねるための板。ずいぶん昔の話になるけど、パン生地をこねるための木の板に釘を打ち、それに部品《ぶひん》やリード線をつないで実験《じっけん》などを行っていたことから、ブレッドボードって呼《よ》ばれるようになりました。

LED《エルイーディ》、抵抗《ていこう》を用意しよう

LED《エルイーディ》とは、電気を流すと光る電子部品《ぶひん》です。

LED《エルイーディ》

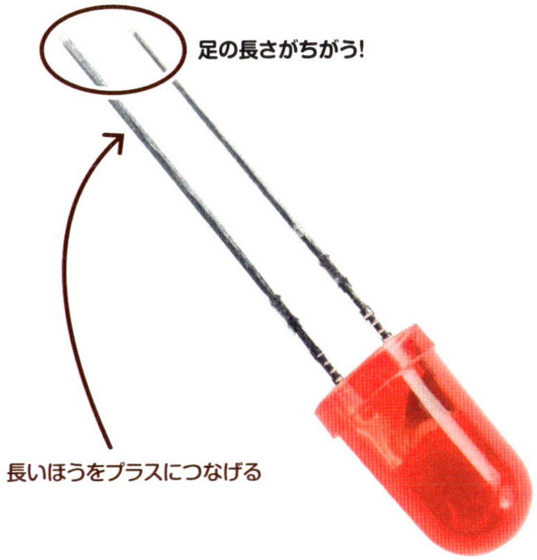
足の長さがちがう!
長いほうをプラスにつなげる

これが光るんだね

「LED《エルイーディ》は、もうみんな知ってるね？」

「光るやつ？」

「このあいだ、学校の教室でも、それに変えてたよ」

「そうだね、教室や部屋のあかりや、道路の信号機などにも使われてるね」

「でも、こんなに小っちゃいの??」

「そうなんだ。LED《エルイーディ》はね、あまり大きく作れないから、小さいものをいっぱいまとめて使うことが多いんだよ」

大人のかたへ　LED《エルイーディ》とは

LED《エルイーディ》（Light Emitting Diode）は、日本語では発光ダイオードといい、電気を流すと発光する半導体の一種です。電子の持つエネルギーを、直接、光エネルギーに変換《へんかん》するため、軽量、省電力という特徴があります。またLED《エルイーディ》には極性があり、プラス側をアノード、マイナス側をカソードといいます。

抵抗《ていこう》とは、電気に立ち向かうもの

抵抗《ていこう》は、その名前のとおり、電気を流れにくくする部品《ぶひん》です。わざわざ電気を流れにくくするものがいるなんて、なんだか不思議ですね。

この部品《ぶひん》は足が長いので、両端《りょうはし》をニッパなどの工具で 1㎝くらいに切って、コの字に曲げて使います。

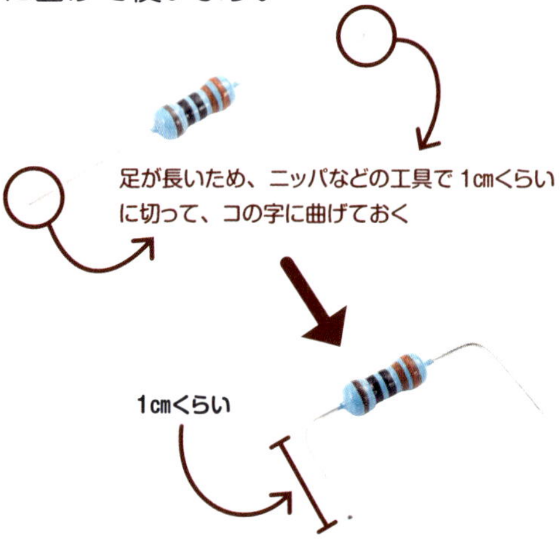
足が長いため、ニッパなどの工具で 1㎝くらいに切って、コの字に曲げておく
1㎝くらい

ニッパ

「抵抗《ていこう》のシマシマは、意味があるの？」

「ちゃんと意味があるよ。色で抵抗《ていこう》の値《あたい》がわかるようになってる」

「色が数字の代わりになってるんだ！」

「どうして電気を流れにくくするものが必要《ひつよう》なの？」

「そうそう。どんどん、流しちゃえばいいんじゃないの？」

「どんどん流れると、どうなると思う？」

「う〜ん」

「じつは、水とおんなじで、さえぎるものがないと、どんどん流れていって、つながってるものが壊《こわ》れちゃうんだよ」

「洪水みたいに？」

「そう。だから、抵抗《ていこう》をつかって、電気を決まったところまでしか流れなくしてるのさ」

どれくらい電気が流れにくいのか、その度合いを表す単位を**オーム**といいます。オームは、Ωという記号で書きます。今回の実験《じっけん》では、この電気の流れにくさが、130〜1000 Ωくらいの抵抗《ていこう》を使います。その範囲《はんい》のものであれば、どれを使ってもかまいません。

抵抗《ていこう》には、いくつか種類があります（くわしくは 6 ページを見てください）。流れにくさがあらかじめ決まったものや、変更《へんこう》できるものがあります。今回の実験《じっけん》に使う抵抗《ていこう》は、あらかじめ値《あたい》が決まっているものです。

電圧《でんあつ》と電流《でんりゅう》って似ているけれど

電気を表す言葉に、電圧《でんあつ》と電流《でんりゅう》という２つの言葉があります。わかりにくいので、少しだけ説明しておきましょう。

「ところで、電圧《でんあつ》、電流《でんりゅう》って言葉、知ってる？」

「うちのコンセントは、100 ボルトの電圧《でんあつ》って聞いたことがあるよ」

「聞いたことはあると思うけど、電圧《でんあつ》、電流《でんりゅう》の違《ちが》いはよくわからないな」

「さっき、水とおんなじって話をしたけど、電気を水にたとえると、電流《でんりゅう》は、その水の流れる量のことで、電圧《でんあつ》は、水を流す力のこと」

「ふ〜ん」

電圧《でんあつ》と電流《でんりゅう》を水にたとえると

水を高いところから流すと、いきおいよく強く流れます。それと同じように電気にも、強く流したり、弱く流したりできます。電気の場合は、この、強い、弱いを電《でん》圧《あつ》という言葉であらわします。電圧《でんあつ》は、ボルト（V）という単位です。

電流《でんりゅう》は、電気の流れる量です。電気は、多く流したり、少なく流したりできます。この多い、少ないを、電流《でんりゅう》という言葉であらわします。

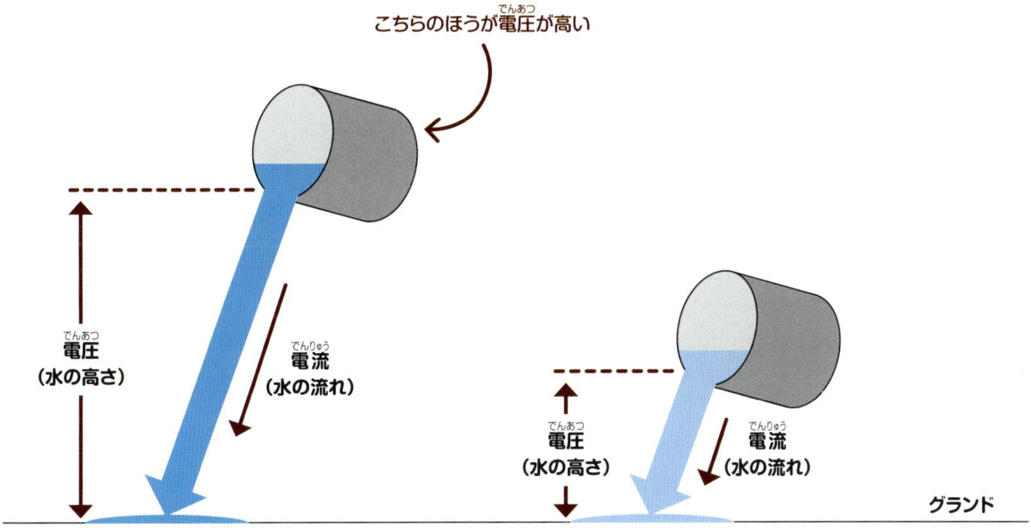

こちらのほうが電圧《でんあつ》が高い
電圧《でんあつ》
（水の高さ）
電流《でんりゅう》
（水の流れ）
電圧《でんあつ》
（水の高さ）
電流《でんりゅう》
（水の流れ）
グランド

ブレッドボードを使ってLED《エルイーディ》を配線《はいせん》してみよう

いよいよブレッドボードに、LED《エルイーディ》と抵抗《ていこう》を配線《はいせん》してみます。次のような手順でつないでいきましょう。

配線《はいせん》手順と完成写真

❶ ブレッドボードにLED《エルイーディ》を差しこむ

❷ 抵抗《ていこう》を差しこむ（LED《エルイーディ》の足の長いほうにつながるように）

❸ ラズパイのグランドとLED《エルイーディ》の足をジャンパワイヤでつなぐ

❹ ラズパイのGPIO23《ジーピーアイオー》と抵抗《ていこう》をジャンパワイヤでつなぐ

完成するとこうなるよ!

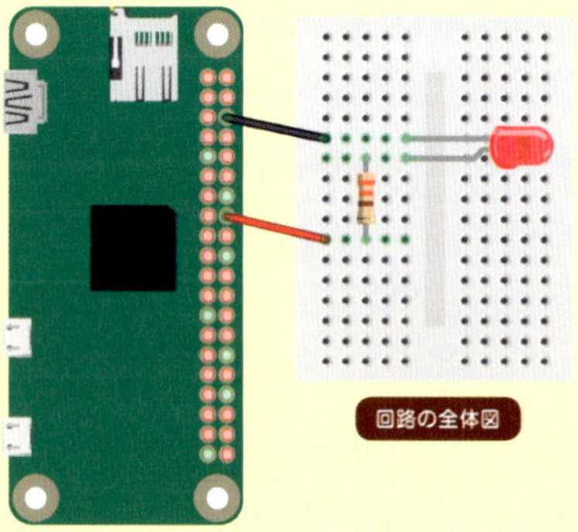

回路の全体図

LED《エルイーディ》と抵抗《ていこう》を組み立てよう

最初に、ブレッドボードにLED《エルイーディ》を差しこみます。LED《エルイーディ》の２本の足をよく見てみましょう。

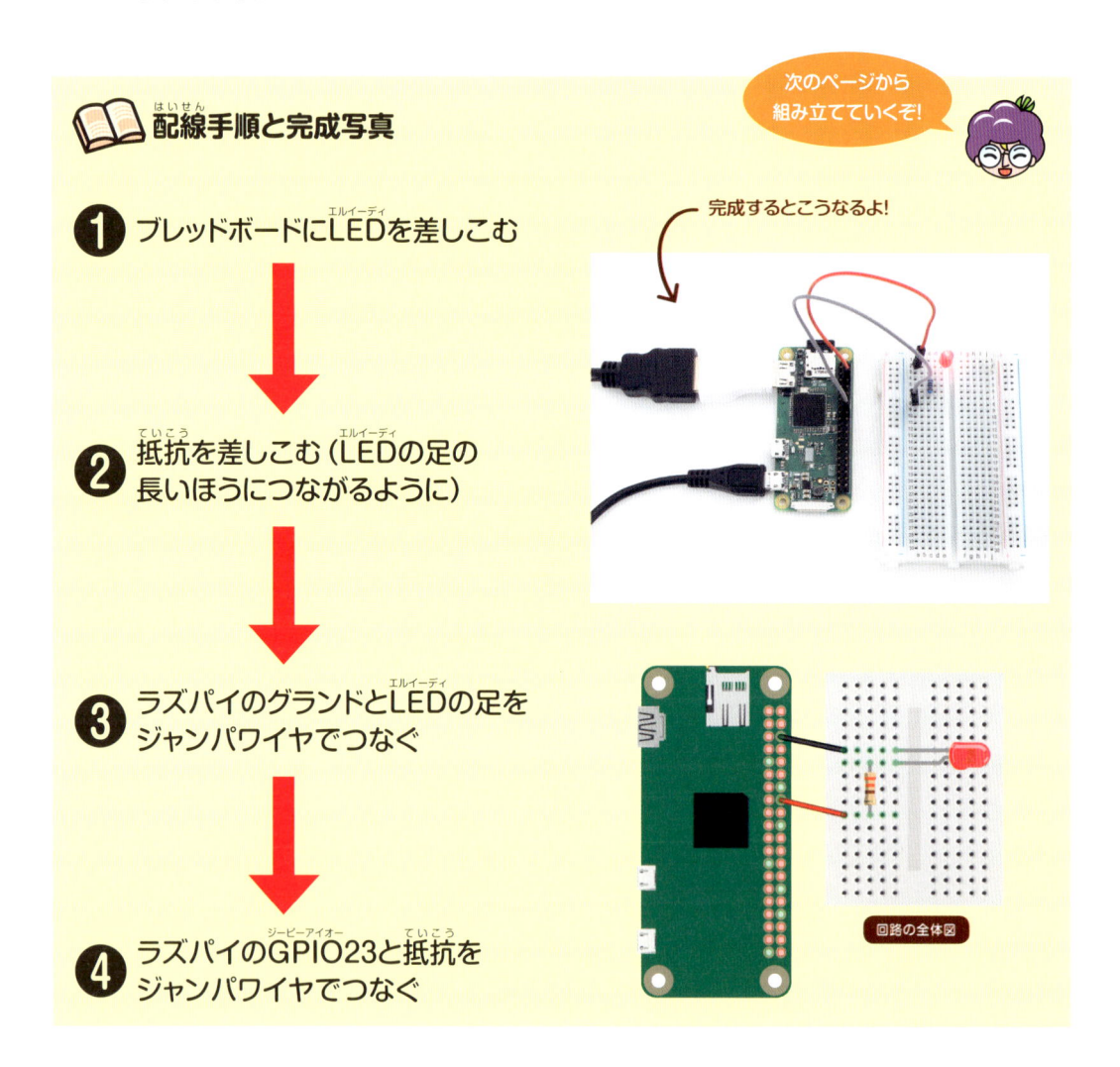

①ブレッドボードにLED《エルイーディ》を差しこむ

LED《エルイーディ》は、両足とも同じアルファベットの列の穴《あな》に差しこみます。

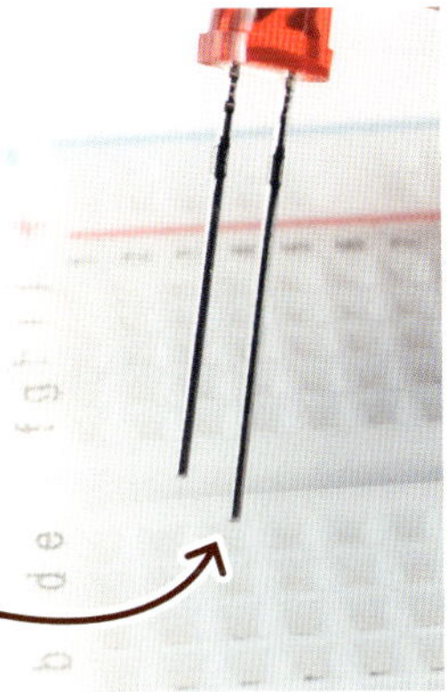
足の長いほう
がこっち!

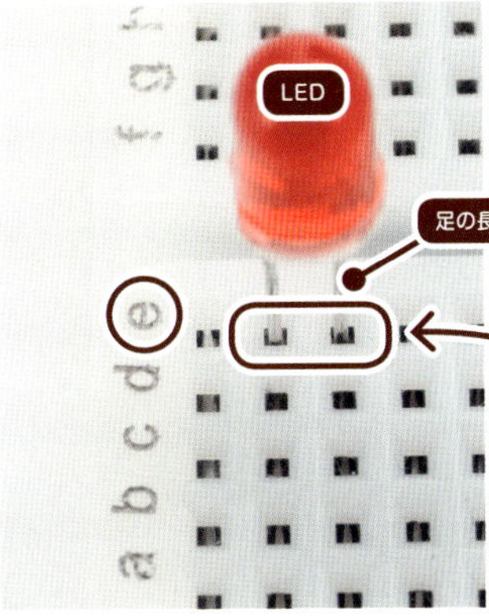
LED
足の長いほう
e
ブレッドボードへの差し
こみが、浅くならないよ
うに気を付けて!
LED《エルイーディ》は、両足とも同じア
ルファベット（今回はe）
の列になるように差しこむ!

「あれ？　足の長さがちがうよ」

「LED《エルイーディ》にはね、向きがあるんだ。それを区別するために、長さを変えてるのさ」

「向き？　うらとかおもてとか、あるの？」

「その向きじゃなくて、電気が流《なが》れる向き。電気に、プラスとマイナスがあるのは知ってるよね？」

「もちろん！」

「LED《エルイーディ》は、プラスとマイナスをちゃんとつながないと、電気が流れないんだよ」

②抵抗《ていこう》を差しこむ

つぎに、そのLED《エルイーディ》の長い足とつながるように、抵抗《ていこう》を差しこみます。

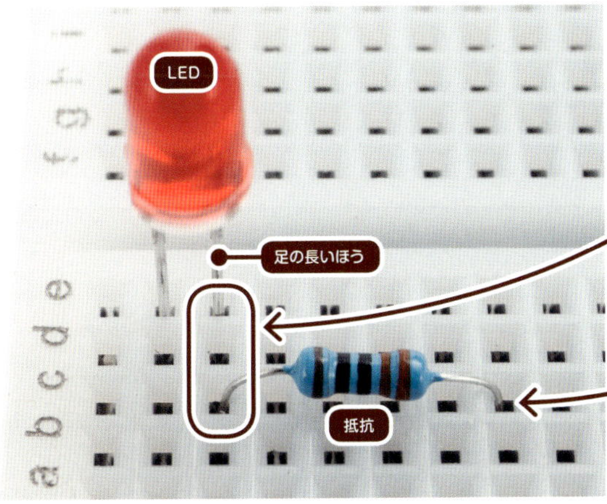
LED
足の長いほう
抵抗
抵抗《ていこう》は、LED《エルイーディ》の足の
長いほうにつながる
ように差しこむ!
抵抗《ていこう》の足幅《あしはば》が合わないときは、
曲げる位置を調整しよう!

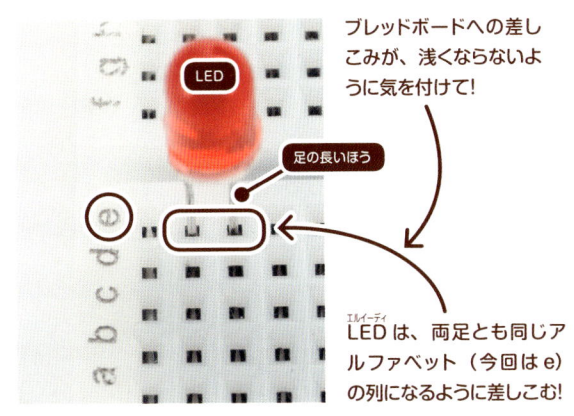

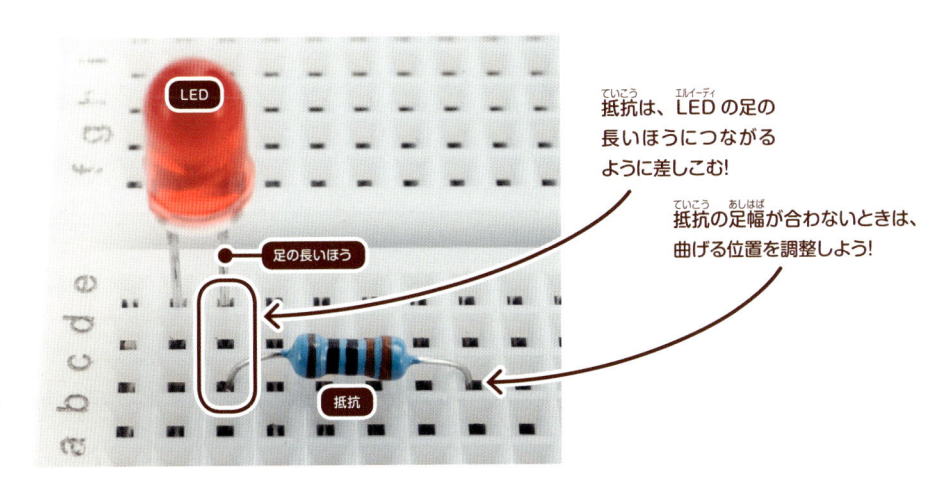

グランドに配線《はいせん》する

今度は、ラズベリーパイとブレッドボードを、2本のジャンパワイヤでつなぎます。2本は区別がつくように、赤と黒などのように違《ちが》う色を使うようにします。それとラズベリーパイは、念のため、電源《でんげん》のUSB《ユーエスビー》コードは抜《ぬ》いておきましょう。

次のように、ジャンパワイヤをLED《エルイーディ》の短いほうの足とラズベリーパイのグランドという端子《たんし》につなぎます。グランドは、ラズベリーパイの基板《きばん》の外側の列にあるピンで、ラズベリーパイのSD《エスディ》カードに近いほうから、3つめになります。

③ラズパイのグランドとLED《エルイーディ》の足をジャンパワイヤでつなぐ

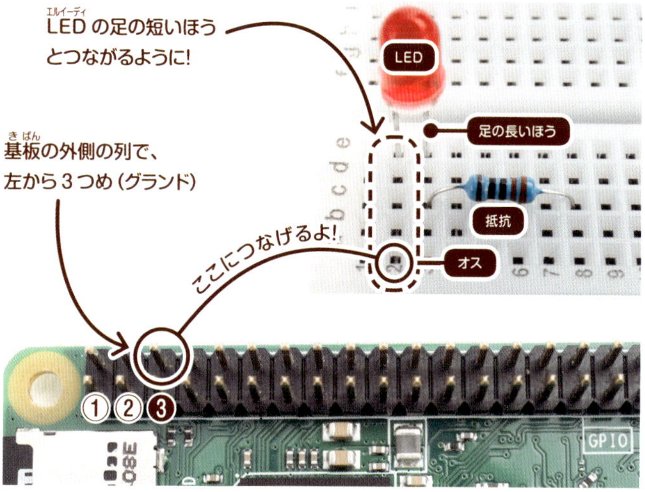

LED《エルイーディ》の足の短いほう
とつながるように!
基板《きばん》の外側の列で、
左から3つめ（グランド）
ここにつなげるよ!
LED
足の長いほう
抵抗
オス
①
②
③
GPIO

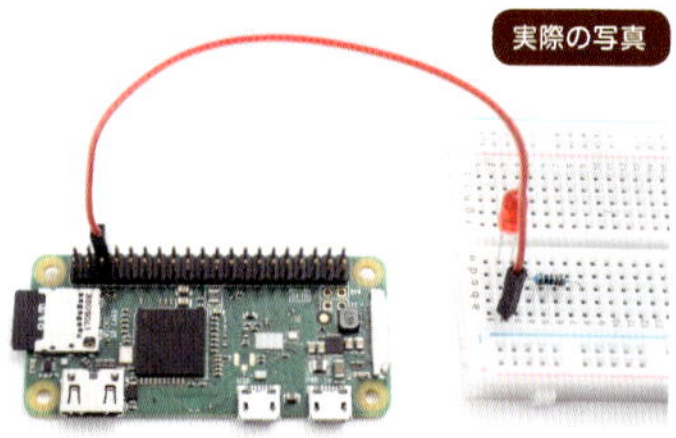

実際の写真

「ブレッドボードの回路を確認《かくにん》したら、ラズベリーパイとつないで」

「ラズベリーパイのピンはいっぱいあって、わかりにくいなぁ」

「ピンは、ぜんぶ、おんなじ形だけど、決まったところにつながないとダメなんだよね？」

「そうだよ、間違《まちが》えないように。グランドと呼《よ》ばれるところにつなぐ」

「グランド？　運動場？」

グランドとは、電気回路の基準となるピンです。学校の運動場をグランド（グラウンド）と呼《よ》びますが、そのグラウンドと同じ単語です。ラズベリーパイでは、電圧《でんあつ》がゼロの部分を、グランドにしています。電圧《でんあつ》がゼロというのは、電気の強さがゼロなので、電気が流れないという意味です。

GPIO《ジーピーアイオー》は何でもできる

　最後は、ラズベリーパイの **GPIO23**《ジーピーアイオー》とよばれる端子《たんし》と、抵抗《ていこう》がつながるようにジャンパワイヤをつなぎます。GPIO《ジーピーアイオー》23 は、ラズベリーパイの基板《きばん》の外側の列のピンで、ラズベリーパイの SD《エスディ》 カードに近いほうから、8 つめになります。グランドのピンからは、5 つとなりのピンです。

④ラズパイのGPIO《ジーピーアイオー》23と抵抗《ていこう》をジャンパワイヤでつなぐ

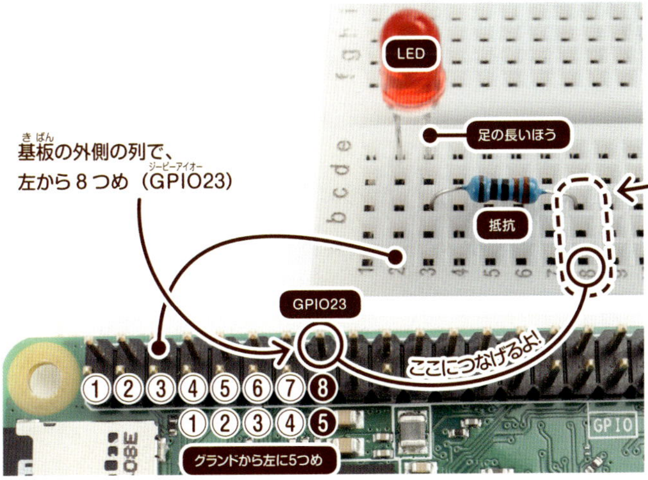
LED
足の長いほう
抵抗
抵抗《ていこう》とつながるように!
(LED《エルイーディ》とつながっていないほう)
基板《きばん》の外側の列で、
左から 8 つめ（GPIO《ジーピーアイオー》23）
GPIO23
ここにつなげるよ!
12345678
12345
グランドから左に5つめ

実際の写真

「最後は、ラズベリーパイの GPIO《ジーピーアイオー》23 につなぐ」

「ジーピーアイオー 23 ？」

「新しいアイドルの名前じゃないよ」

「……」

「GPIO《ジーピーアイオー》 は、スクリプトから操作《そうさ》できるピンなんだ」

「……」

「またあとで説明するよ。とにかくこれで配線《はいせん》は終わり」

「なんだ、これだけ？」

大人のかたへ　GPIO《ジーピーアイオー》 ピンとは

　GPIO《ジーピーアイオー》 は、General Purpose Input/Output の略語です。つまり GPIO《ジーピーアイオー》 ピンは、汎用的（General Purpose）に出力でも入力でも使えるピンということです。GPIO《ジーピーアイオー》 の出力を利用すれば、LED《エルイーディ》 の点灯《てんとう》など他のデバイスの制御が行えます。また、入力に使うと、電圧《でんあつ》の読み取りや信号の読み取りが行えます。

ピン番号とGPIO《ジーピーアイオー》の関係

ラズベリーパイ Zero《ゼロ》には、40 本のピンがあります。ピンは、次のように番号がふられています。全て同じようなピンに見えますが、それぞれ役割があります。

ラズベリーパイZero《ゼロ》のピン番号とGPIO《ジーピーアイオー》番号

電源《でんげん》につながっている

プログラムで操作《そうさ》できるGPIO《ジーピーアイオー》なのでおぼえておこう!

	5Vの電源	5Vの電源	グランド	GPIO14	GPIO15	GPIO18	グランド	GPIO23	GPIO4	グランド	GPIO25	GPIO8	GPIO7		グランド	GPIO12	グランド	GPIO16	GPIO20	GPIO21
ピン番号	2	4	6	8	10	12	14	16	18	20	22	24	26	28	30	32	34	36	38	40
	1	3	5	7	9	11	13	15	17	19	21	23	25	27	29	31	33	35	37	39
	3.3Vの電源	GPIO2	GPIO3	GPIO4	グランド	GPIO17	GPIO27	GPIO22	3.3Vの電源	GPIO10	GPIO9	GPIO11	グランド		GPIO5	GPIO6	GPIO13	GPIO19	GPIO26	グランド

電源《でんげん》につながっている

グランドは 8 個あるけど、どれも同じ役割

「ラズベリーパイには、40 個もピンがあるんだ！」

「そうだよ、ピンは 40 本あるけど、ざっと 3 種類にわけられる」

「グランドとGPIO《ジーピーアイオー》と…」

「もうひとつは、ずっと電源《でんげん》につながっているピン」

ラズベリーパイのピンは、大きく分類すると、**グランド**と**GPIO**《ジーピーアイオー》、**電源**《でんげん》の3種類になります。

電源《でんげん》のピンとは、ずっと電源《でんげん》につながっているピンのことです。ラズベリーパイの電源《でんげん》が入っているときに、5ボルトと3.3ボルトになるピンがあります。

GPIO《ジーピーアイオー》は、スクリプトで操作《そうさ》できるピンです。さっきのGPIO23《ジーピーアイオー》という名前のピンも、このピンのひとつです。

ラズベリーパイの40本のうち、スクリプトで操作《そうさ》できるGPIO《ジーピーアイオー》ピンは26本です。GPIO《ジーピーアイオー》にも番号がついていて、2番～27番になっています。GPIO《ジーピーアイオー》の配置《はいち》はバラバラになっています。これはラズベリーパイの基板《きばん》が小さいため、できるだけ内部の配《はい》線《せん》を短くするためです。

スクリプトでピンを指定するときは、ピン番号を使う場合、GPIO《ジーピーアイオー》番号を使う場合の2通りがあります。同じピンなのに2つの名前で呼《よ》ぶのはちょっとわかりにくいのですが、図をよくみて回路を組み立てるようにしましょう。

「GPIO《ジーピーアイオー》に部品《ぶひん》をつなげるの？」

「そう、ここに直接つなげられるんだ。だからラズベリーパイから操作《そうさ》できる」

「操作《そうさ》って？」

「電気を流したり止めたりして、部品《ぶひん》とやりとりするんだよ」

「それがスクラッチでできるのね」

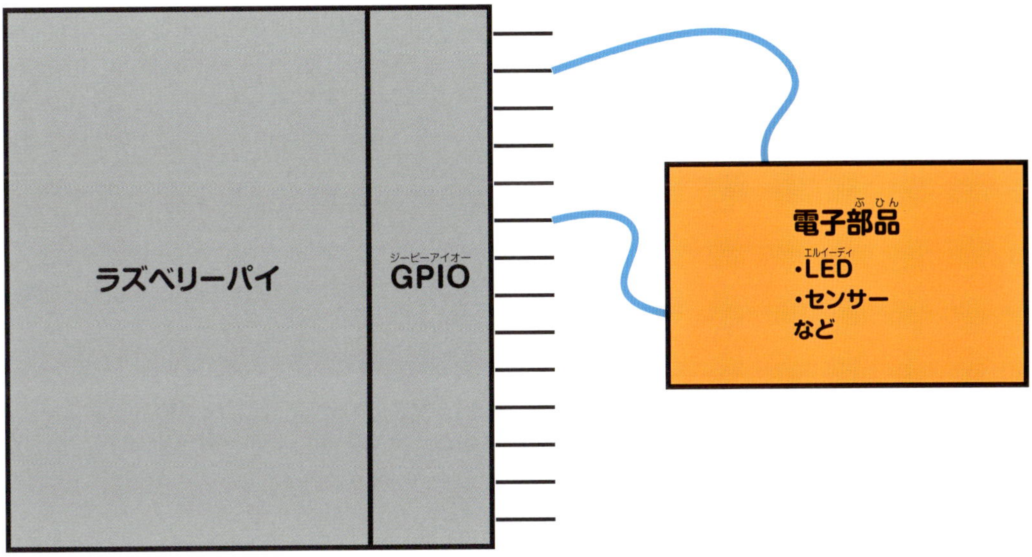

Scratch《スクラッチ》からLED《エルイーディィ》を点滅《てんめつ》させてみよう

回路がまちがっていないか確認《かくにん》したら、ラズベリーパイの電源《でんげん》を入れてみましょう。ラズベリーパイの電源《でんげん》のUSB《ユーエスビー》をつなぎます。しばらくするとモニタ画面は、次のようになっていると思います。

起動画面

ラズベリーパイが起動したら、Scratch《スクラッチ》も起動させておきます。

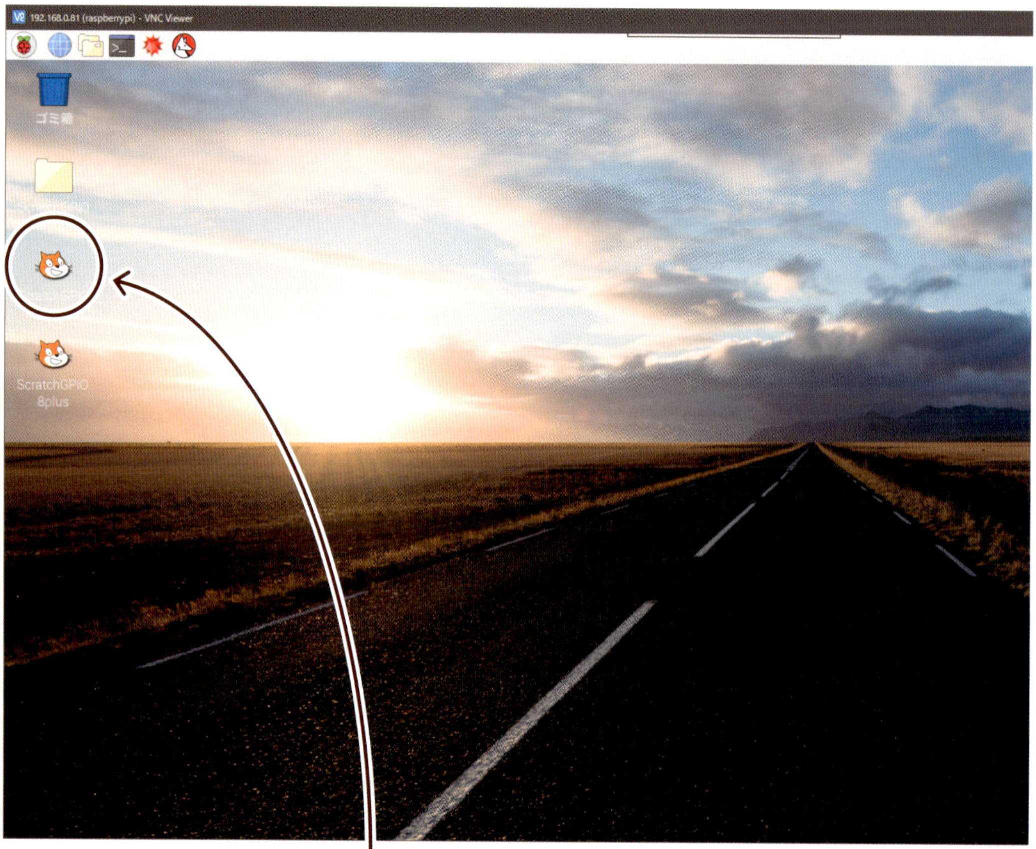

このアイコンをカチカチして
Scratch《スクラッチ》を開くよ

「ちゃんとつながってる？」

「大丈夫《だいじょうぶ》！」

「それじゃあ、LED《エルイーディ》を光らせてみようか。まずはScratch《スクラッチ》を起動」

「Scratch《スクラッチ》GPIO《ジーピーアイオー》8っていうアイコンだね」

「そう、それをカチカチって」

「起動したら、[へんしゅう] っていうメニューから、[GPIO《ジーピーアイオー》サーバーをかいし] を選ぶ」

「GPIO《ジーピーアイオー》サーバー？」

「Scratch《スクラッチ》で、さっきのGPIO《ジーピーアイオー》ピンを操作《そうさ》するには、[GPIO《ジーピーアイオー》サーバーをかいし] しておく必要《ひつよう》があるんだ」

GPIO《ジーピーアイオー》サーバーをかいし

Scratch《スクラッチ》が起動したら、[へんしゅう] メニューから [GPIO《ジーピーアイオー》サーバーをかいし] を選びます。GPIO《ジーピーアイオー》サーバーとは、Scratch《スクラッチ》からGPIO《ジーピーアイオー》のピンを操作《そうさ》できるようにするものです。一度、[GPIO《ジーピーアイオー》サーバーをかいし] しておくと、Scratch《スクラッチ》が起動しているあいだ、ずっと動いています。Scratch《スクラッチ》を終了《しゅうりょう》すると止まってしまうので、Scratch《スクラッチ》を起動するたびに開始するようにしましょう。

[へんしゅう] メニューから、[GPIO《ジーピーアイオー》サーバーをかいし] を選ぶよ

第3章 LED《エルイーディ》の実験《じっけん》をしてみよう

へんすうってやつを作ってみよう

「LED《エルイーディ》を光らせるには、何が必要《ひつよう》かわかるかな」

「もちろん！　電気がないとダメだよ」

「そう、この回路に電気を流すには…」

「う〜ん、つながってるGPIO《ジーピーアイオー》に電気があればいいのかな？」

「そうだね、つながっているGPIO《ジーピーアイオー》の23というピンに電気が流れるようにすればいい。Scratch《スクラッチ》でGPIO《ジーピーアイオー》をあつかうには、へんすうっていうブロックを使う」

「へんすう??」

「へんすうは、変《か》わる数《かず》って書くんだ。いまは、Scratch《スクラッチ》でGPIO《ジーピーアイオー》を操作《そうさ》するための部品《ぶひん》って思っていればいいよ」

「ふ〜ん」

変数《へんすう》とは、スクリプトのなかで使う数を、とっておくためのものです。最初はよくわからないと思いますが、いまは、そういうものがあるということだけ覚えておきましょう。

へんすうをつくる

「Scratch《スクラッチ》の［へんすう］ボタンをクリックして、つぎに、［あたらしいへんすうをつくる］ボタンをクリックしてみよう」

「へんすうめい？って出たよ」

「へんすうに名前をつけるんだ。でもGPIO《ジーピーアイオー》を操作《そうさ》するときは、名前が決まっててね。gpio23って、キーボードで打ってみて」

「そのままの名前じゃん」

「最後は、OKをクリックするんだね？」

「あっ、ブロックが増えた！」

「GPIO23《ジーピーアイオー》を使うためのブロックができたんだよ」

スクリプトの変数は、好きな名前をつけることができます。ただし、Scratch《スクラッチ》でGPIO《ジーピーアイオー》を操作《そうさ》するときには、決まった名前を使う必要《ひつよう》があります。gpioにつづけて番号をつけます。これで［OK］ボタンをクリックすると、その名前のGPIO《ジーピーアイオー》を操作《そうさ》するブロックが追加されます。

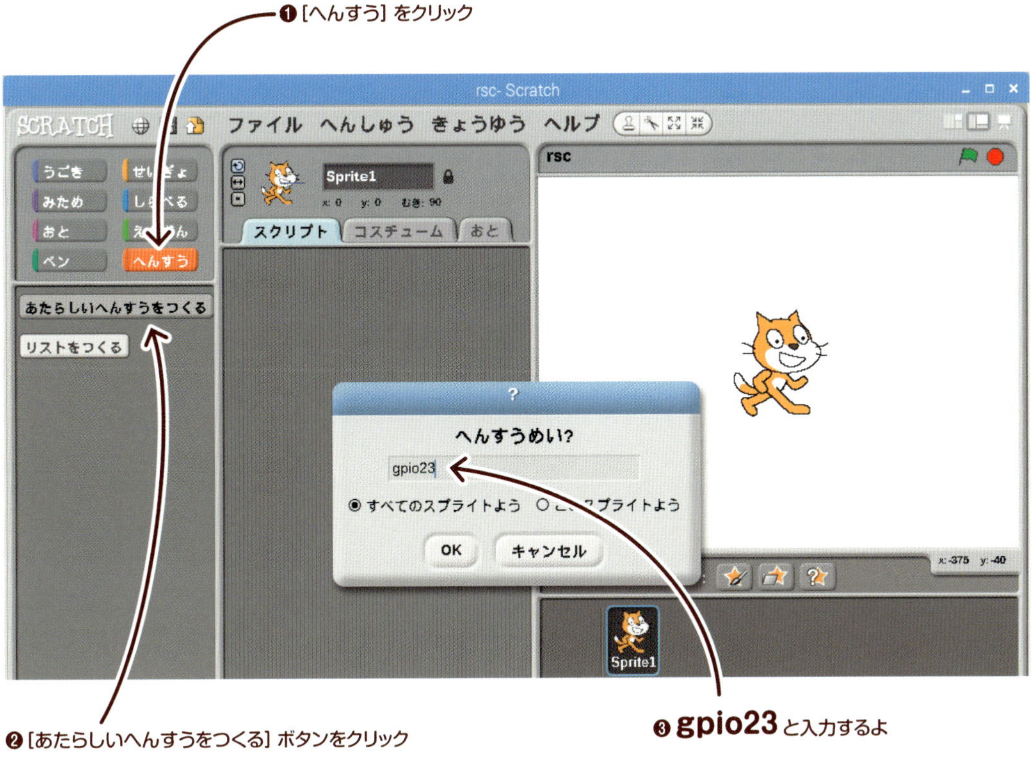

gpio23は0と1

「じゃあ、［gpio23 を 0 にする］ ブロックを、スクリプトに持ってこよう」

「0 っていうのは、変えられるの？」

「そう、0 と 1 にできる。1 にすれば、電気が流れて、0 は流れないってことになる」

「じゃあ、ここを 1 にするだけで光るの？」

「そういうことになるね。0 のところをカチッとクリックすると、0 のところの背景《はいけい》に色がつく。すると、キーボードで数を変えられるんだ」

gpio23を追加する

追加された gpio23 を 0 にするブロックを、スクリプトにドラッグアンドドロップします。そして、ブロックの 0 のところをクリックします。背景に色がついたら、キーボードから 1 を入力しましょう。これで、gpio23 を 1 にすることできます。gpio23 を 1 にすると、電気が流れます。0 にすると、電気は流れません。このように gpio23 は、0 と 1 しか設定《せってい》できません。

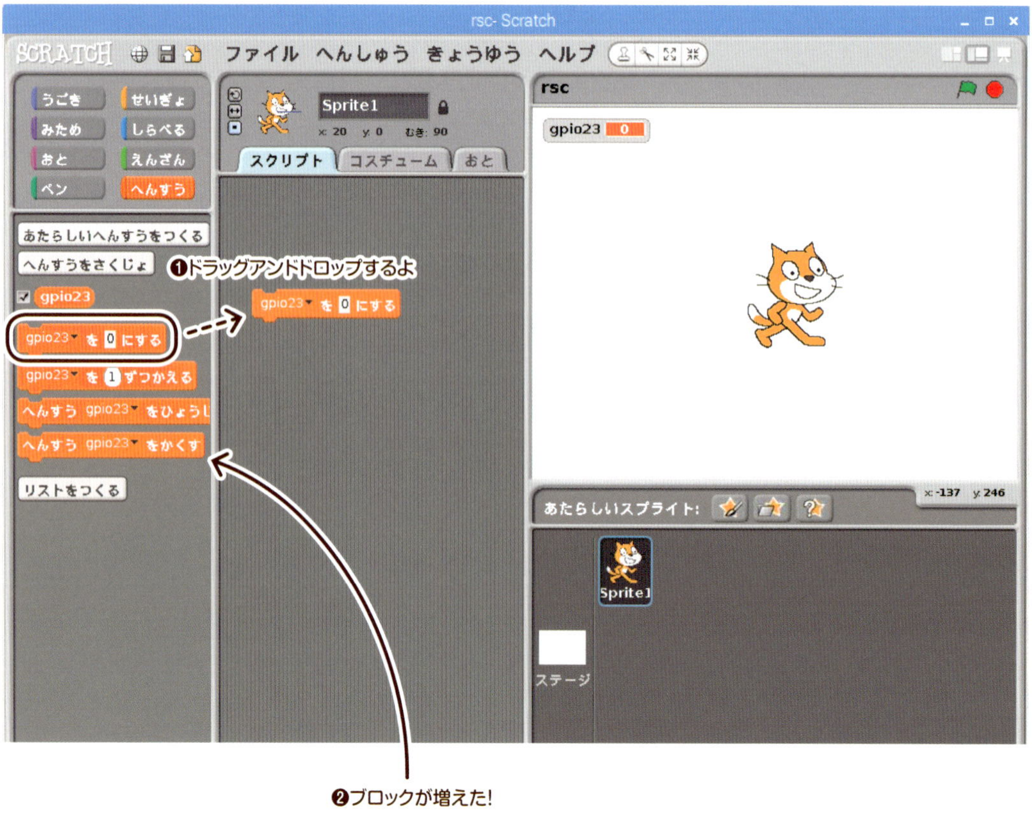

「こうかな。ここで、キーボードの1を押《お》すと…」

「1になったよ」

「そしたら、そのブロックをクリックしてみて…」

「あ、光った！」

「できたね。GPIO23《ジーピーアイオー》から電気が流れて、LED《エルイーディ》を光らせたんだ」

［gpio23を1にする］ブロックをクリックすると、ステージにあるgpio23の値《あたい》が1に変わります。そしてLED《エルイーディ》が点灯《てんとう》します。

gpio23を1にする

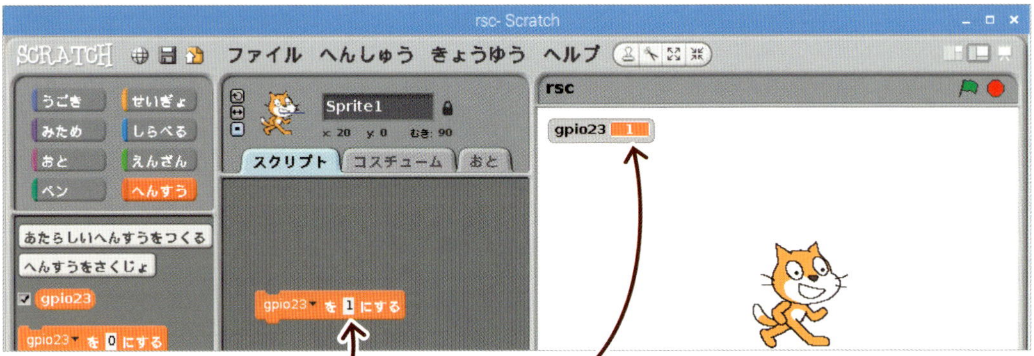

❶キーボードで「1」を押《お》してクリック　❷1に変わる!

LED《エルイーディ》が光った

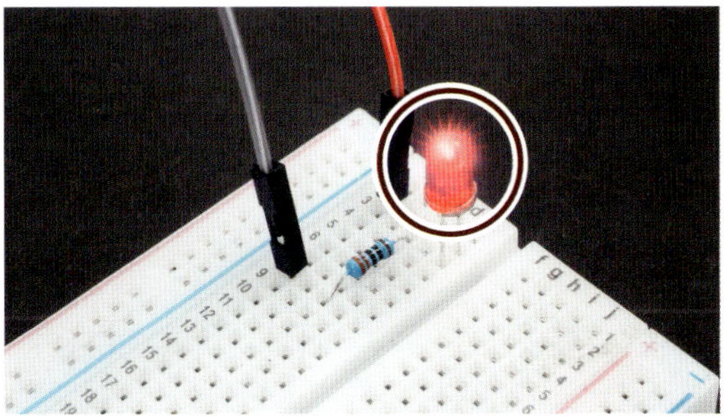

「光ったままだけど、0にしたら消えるのかな？」

「ワタシがやってみるよ。0に変えて、クリックと…」

「消えた！」

「「gpio23を0にする」と、電気が流れなくなるので、LED《エルイーディ》が消えるよ」

ブロックを複製《ふくせい》してみよう

「もうLED《エルイーディ》の点滅《てんめつ》もカンタンだね。さっきの0と1の操作《そうさ》を組み合わせてみようか」

「ということは、このへんすうのブロックを2つ使うの？」

「そう、ブロックをもうひとつスクリプトに持ってくるか、複製《ふくせい》しよう」

ブロックを複製《ふくせい》する（2つにふやす）には、スクリプトの［gpio23を1にする］ブロックのところで、マウスの右ボタンをクリックします。するとメニューが表示されるので、［ふくせい］を選びます。

ブロックが2つになったら、［gpio23を0にする］、［gpio23を1にする］というブロックにしておきます。

ブロックを複製する

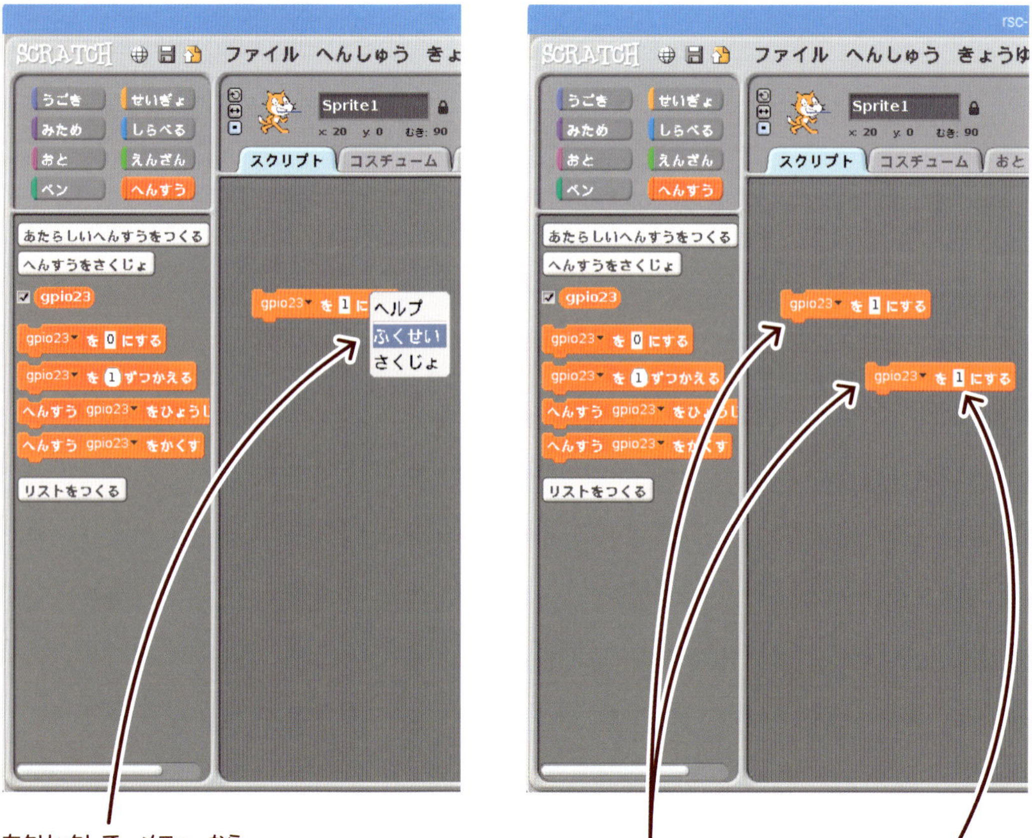

右クリックして、メニューから［ふくせい］を選ぶよ

複製《ふくせい》された!

こっちを0にしておくよ

LED《エルイーディ》をチカチカさせるには

「でも、それだけだと、光って、すぐに消えるだけじゃん！」

「いいところに気がついたね。光る操作《そうさ》と消す操作《そうさ》を、くりかえさないといけない」

くりかえして何かを行うことは、Scratch《スクラッチ》のスクリプトではとてもよく使われます。くりかえしを行うには、［せいぎょ］ボタンを押《お》してブロックを切り替《か》えます。そして表示された［ずっと］というブロックを使います。

［せいぎょ］のブロックに切り替《か》える

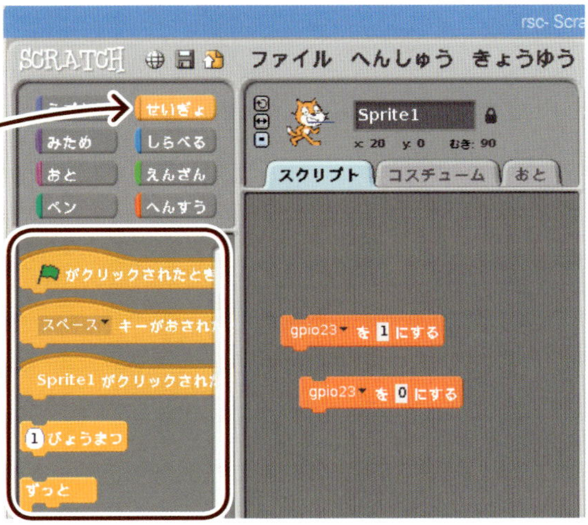

［せいぎょ］をクリックすると、ブロックが変わるよ

「［ずっと］ブロックをスクリプトに持ってくる。そして、このブロックのなかに、GPIO《ジーピーアイオー》の変数《へんすう》を入れれば、くりかえして操作《そうさ》できる」

「［ずっと］のなかに、GPIO《ジーピーアイオー》のへんすうブロックを２つをいれるんだね」

［ずっと］というブロックをスクリプトに持ってきて［gpio23 を 0 にする］、［gpio23 を 1 にする］のブロックを中に入れるようにします。

［ずっと］ブロックの配置《はいち》

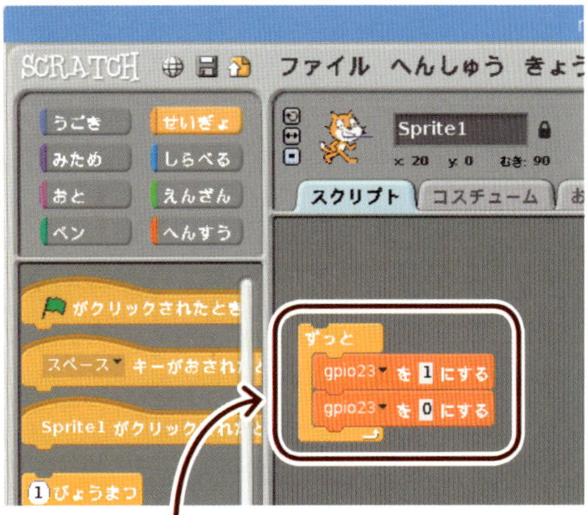

［ずっと］ブロックのなかに、gpio のブロックを２つ入れるよ

「あれ？　でも、これじゃ、光ってもすぐに消えるよね？」

「そうだね、GPIO《ジーピーアイオー》の操作《そうさ》をしたら、すこし待つ必要《ひつよう》がある」

「すると、同じせいぎょのところにある、1 びょうまつ、というブロックを使うの？」

「そのとおり。GPIO《ジーピーアイオー》の 1 にしたあとと、0 にしたあとで、1 秒まつことにしてみよう」

同じせいぎょのブロックのなかに、［1 びょうまつ］というブロックがあります。このブロックは、スクリプトをそのまま 1 秒止めるような動作になります。

［gpio23 を 1 にする］のブロックの次に、この［1 びょうまつ］を追加すると、gpio23 が 1 のままでスクリプトが 1 秒間止まります。同じように［gpio23 を 0 にする］の次に追加すると、1 秒間 gpio23 が 0 になったままになります。

1びょうまつブロックの追加

「これで、できそうだね。ただし今度は、をクリックしたら、動くようにしてみよう」

「[がクリックされたとき] のブロックを先頭につなぐんだったよね」

「そうだよ、できたら、ワタシがをクリックするね…」

「できた！」

第2章《しょう》と同じように、[がクリックされたとき] のブロックを追加してみましょう。これで、をクリックすると、LED《エルイーディ》が点滅《てんめつ》するようにできます。

[1 びょうまつ] というブロックは、待つ時間を変えることができます。2 秒でも10 秒でもできますし、反対に、1 より小さい数、0.5 や、0.2 などでも大丈《だいじょう》夫《ぶ》です。数をいろいろ変えて実験《じっけん》してみましょう。

LED《エルイーディ》の点滅《てんめつ》

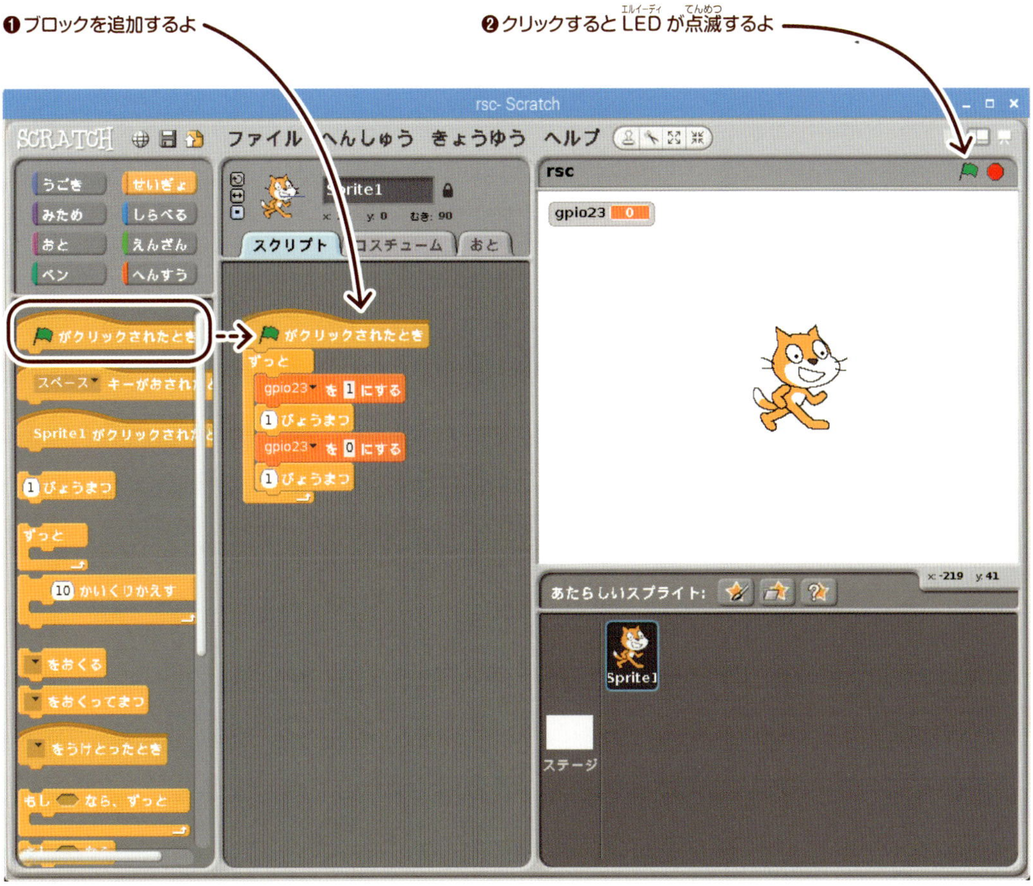

LED《エルイーディ》の明るさを変えてみよう

豆電球《まめでんきゅう》なら、電池をたくさん直列《ちょくれつ》につなげば、明るくなります。LED《エルイーディ》の明るさも、同じようにして変えることができるのでしょうか。

この実験《じっけん》の前に、ここでいったんスクリプトのブロックを整理しておきましょう。[がクリックされたとき] のブロックと、[gpio23 を 1 にする] ブロックだけを残して、あとは削除《さくじょ》しておきます。スクリプトのブロックを削除《さくじょ》するには、消したいブロックの上で右クリックしてメニューを表示させ、[さくじょ] を選択《せんたく》します。

ブロックの削除《さくじょ》

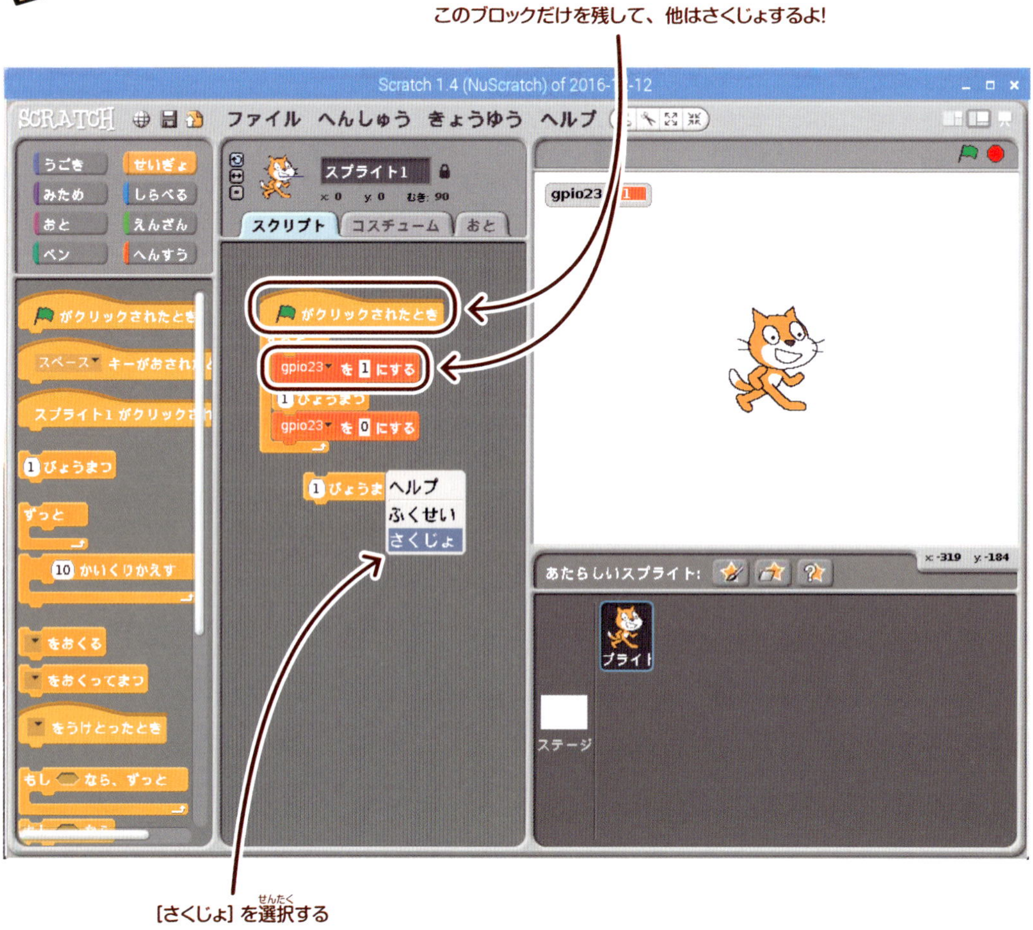

「豆電球の実験《じっけん》は、知ってるよね」

「もちろん！　電池を直列につなぐと、明るくなるやつでしょ」

「LED《エルイーディ》も、豆電球みたいに明るさを変えることができるよ」

「ラズベリーパイに乾電池《かんでんち》をつないだらいいの？」

「そんなのラズベリーパイ使ってる意味ないじゃん！」

「そうだね。ラズベリーパイなら、スクリプトから明るさを変えることもできる」

「そんなことができるの？」

電球と電池の実験《じっけん》

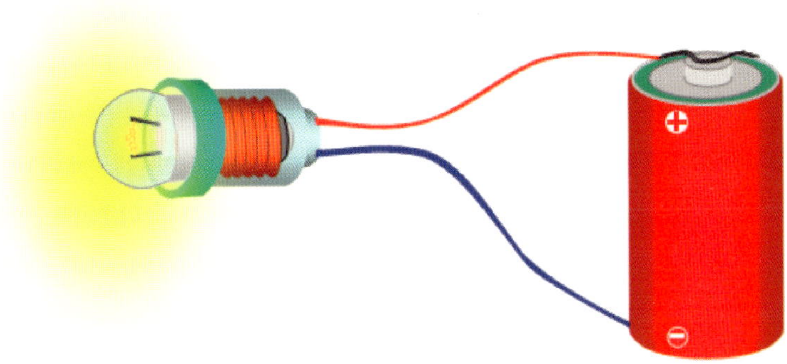

電池を直列につなぐと、
電球が明るくなるよ

直列ってなに?

直列は、電池の＋と－がつながるように、縦《たて》につなげることです。このようにつなげると、電圧《でんあつ》が電池の２つ分になるので、豆電球が明るくなります。

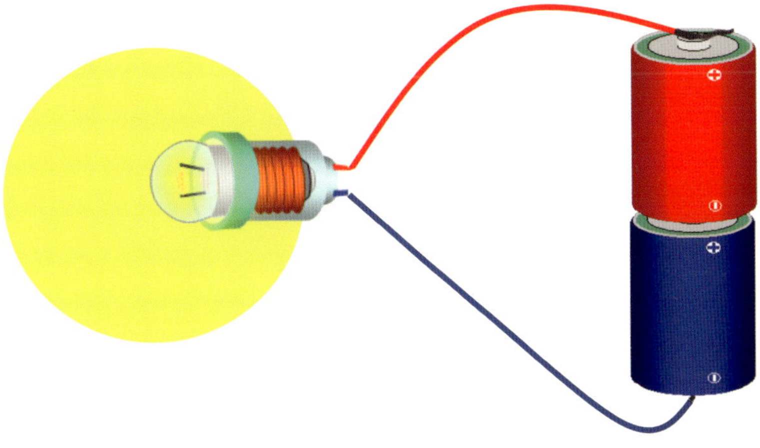

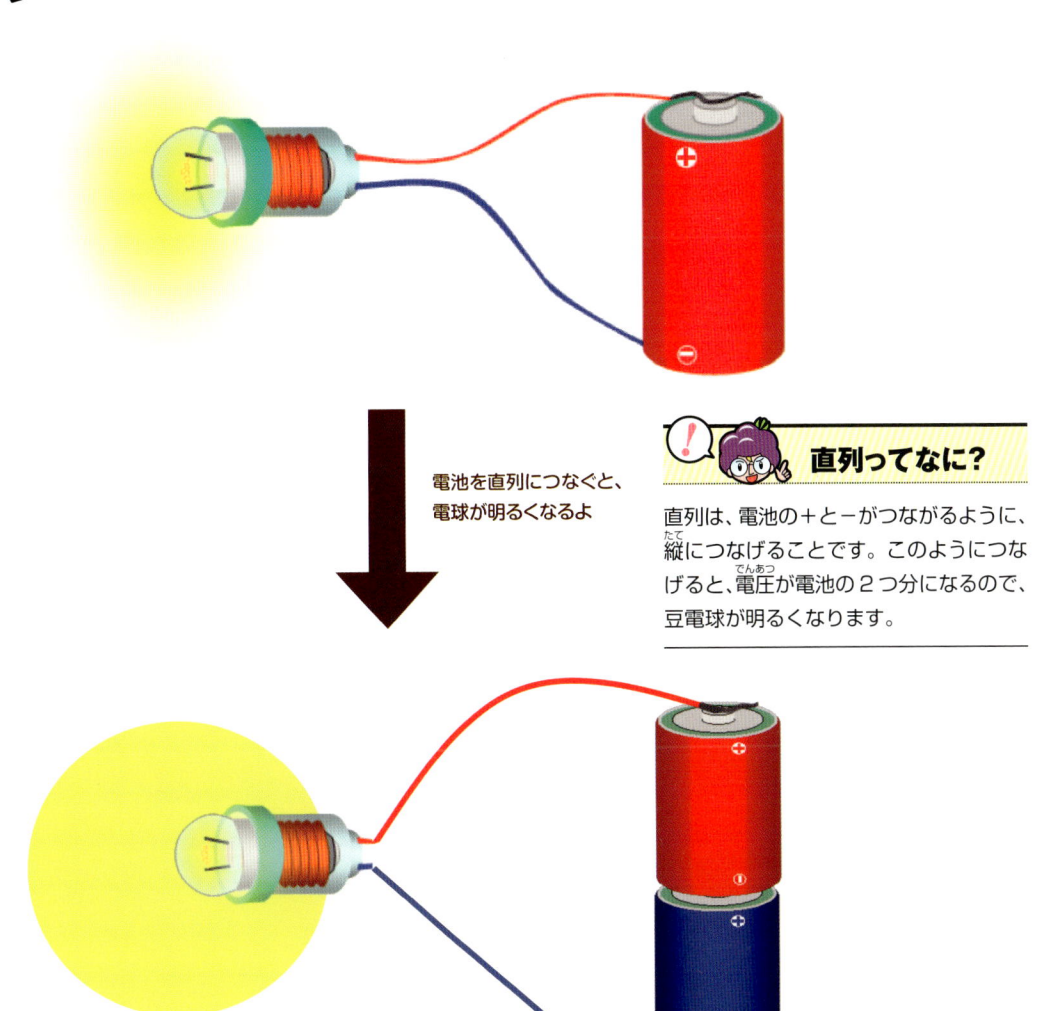

PWM《ピーダブリューエム》というしくみを使えば、スクリプトから電気の流れを調節することができます。その結果、LED《エルイーディ》の明るさも変化させることができます。

PWM《ピーダブリューエム》を使うには、power《パワー》という名前の［へんすう］ブロックをつくります。［あたらしいへんすうをつくる］ボタンをクリックしたあと、power16と入力します。これで、PWM《ピーダブリューエム》を操作《そうさ》するブロックが追加されます。

power《パワー》16のさくせい

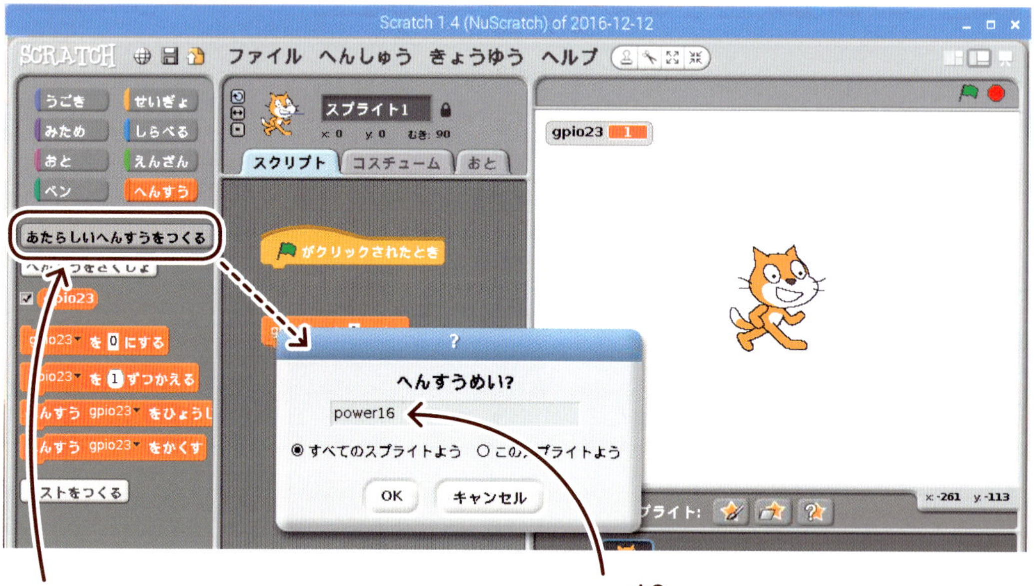

❶ここをクリック

❷power16と入力するよ

power16が追加された

power16が増えた!

この16というのは、ピン番号のことです。まぎらわしいのですが、PWM《ピーダブリューエム》の場合は、ピン番号でしか指定できません。ピン番号16のピンは、GPIO23《ジーピーアイオー》と同じピンのことです。

power16《パワー》という変数を追加すると、[gpio23を1にする] ブロックで、power16《パワー》も操作《そうさ》できるようになります。[gpio23を1にする] ブロックの▼をクリックすると、gpio23かpower16《パワー》を選べます。

power16《パワー》が選択《せんたく》できる

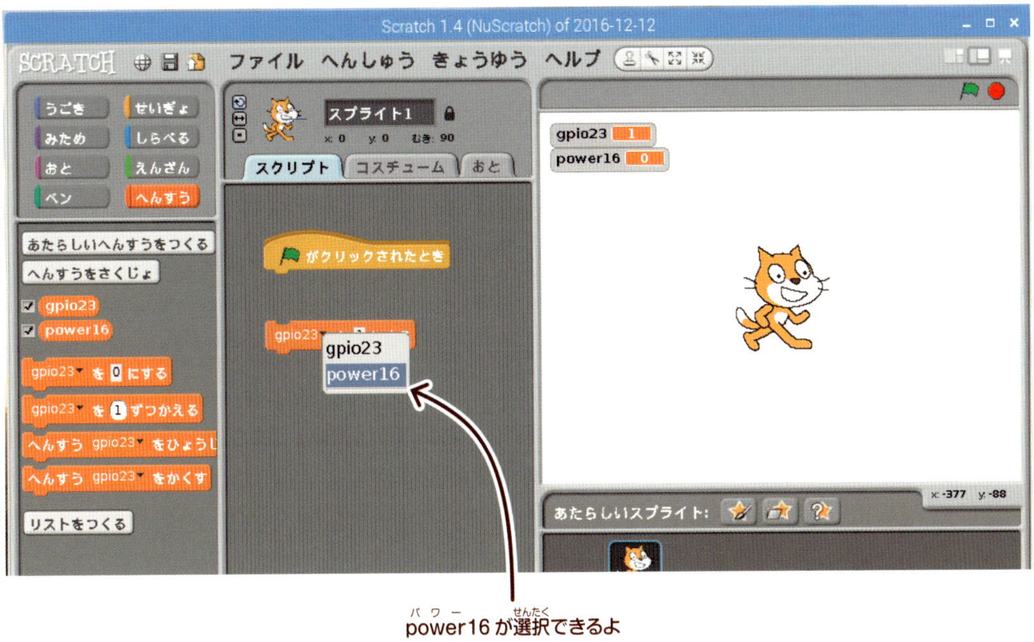

power16《パワー》を0にするブロックを作り、[がクリックされたとき] のブロックの下につなげます。そしてその下に、[gpio23を1にする] ブロックを作ってつなげましょう。

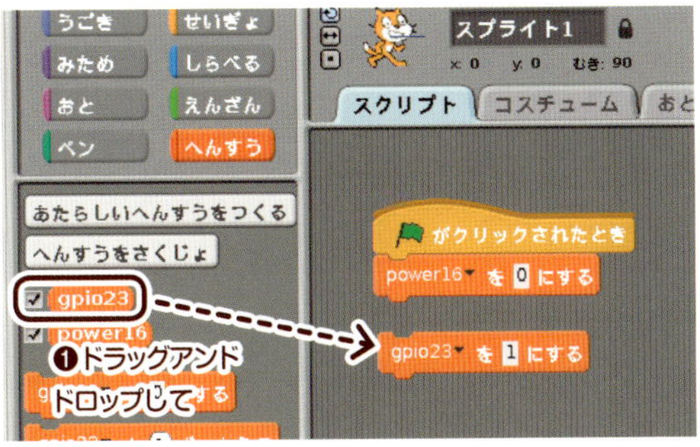

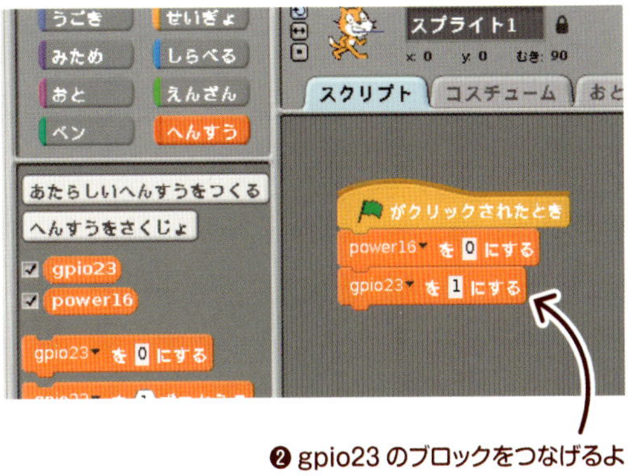

「power16 のブロックはできたかな？」

「なんだかよくわからないけど、できた」

「PWM《ピーダブリューエム》はね、かんたんにいえば、さっきの点滅《てんめつ》と同じようなことを思いっきり速くくりかえすことで、電気の流れを調節するしくみなんだ」

「で、それで明るさが変わるわけ？」

「power16 を、10 に変えてみるね。どうかな」

「あっ、暗くなった」

power16 の数字を 0 ～ 100 のあいだで変えると、LED《エルイーディ》の明るさも変わります。数字を小さくすると暗くなり、0 にすれば LED《エルイーディ》はつきません。100 にすれば、最初と同じ明るさです。

power16の値《あたい》を変える

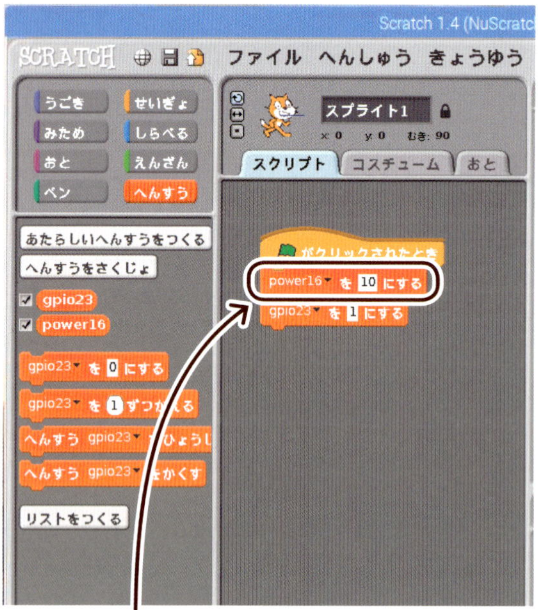

power16 を 10 にするよ

power16を10にしたとき

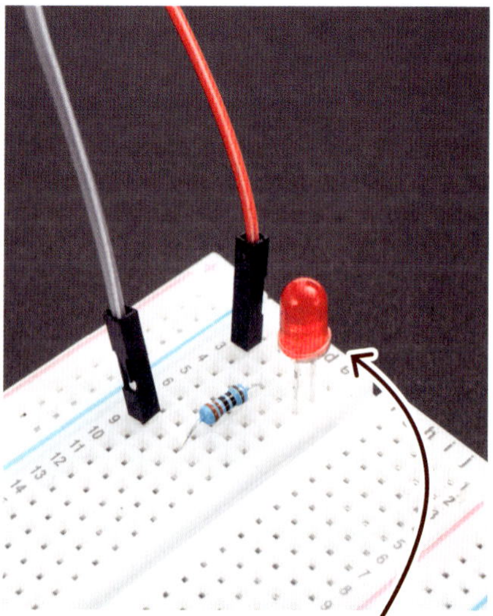

明るさが変わった!

このように、数字を変えるとスクリプトで LED《エルイーディ》の明るさを変更《へんこう》することができました。power16 の値《あたい》を変えるブロックと、くりかえすブロックなどを組み合わせると、LED《エルイーディ》をだんだん明るくしたりすることもできます。どのようにブロックを組み立てるとよいか、いろいろ実験《じっけん》してみましょう。

第4章

デジタルピンホールカメラの実験《じっけん》をしてみよう

つぎは、ちょっと本格的《ほんかくてき》な工作だよ。なにしろカメラを作るからね

カメラなんか作れるの？

そうだよ。撮影《さつえい》するだけなら、パチパチってつなぐだけ

それで本格的《ほんかくてき》なの？

そのわけは、やっているうちにわかるよ

デジタルピンホールカメラの実験《じっけん》をしてみよう

今度は、ラズベリーパイにカメラをつけて実験《じっけん》してみよう。牛乳《ぎゅうにゅう》パックと 100 円ショップのレンズを使ったデジタルピンホールカメラを組み立てて、ラズベリーパイで撮影《さつえい》してみます。ラズパイ本体以外はスターターキットには入っていないので用意する必要《ひつよう》があります。

牛乳《ぎゅうにゅう》パックに、画用紙、トレーシングペーパーをつかって、カメラ本体を組み立てます。それに、100 円ショップのレンズと、カメラモジュールをとりつけて完成です。

カメラモジュールを使うと、ラズベリーパイで撮影《さつえい》ができます。

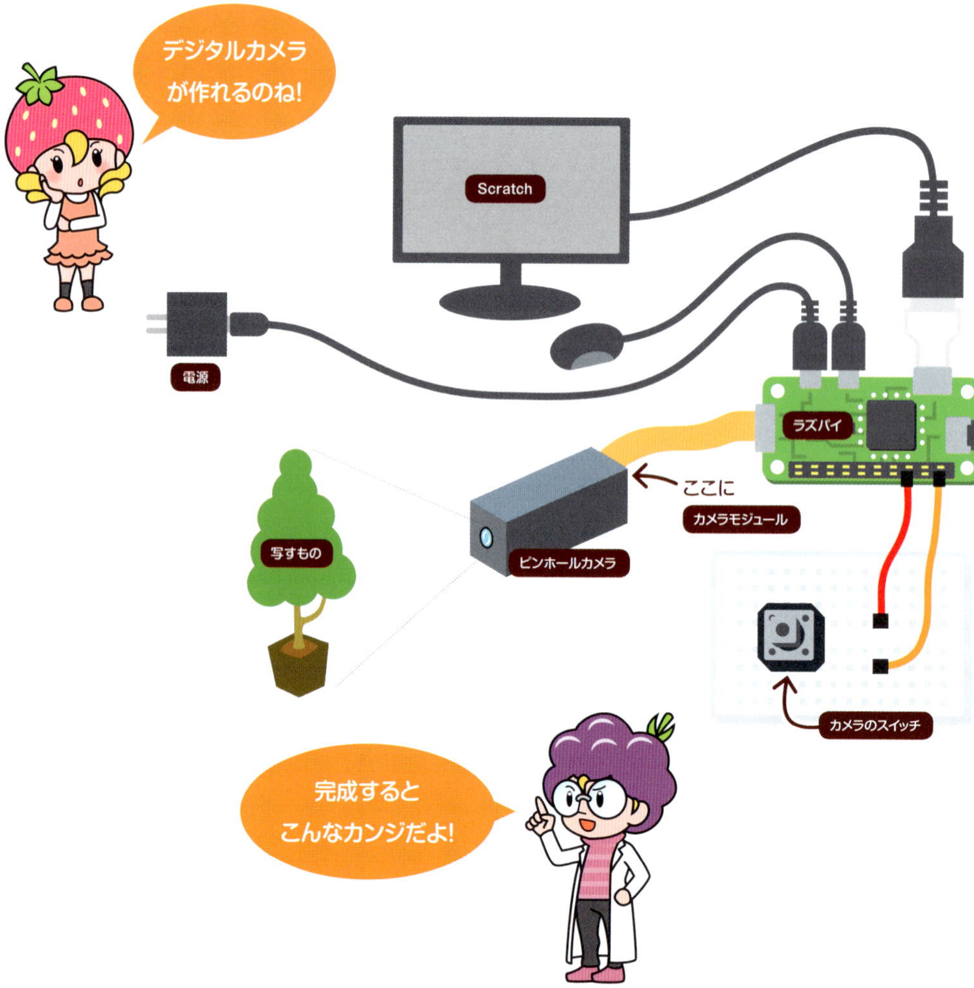
デジタルカメラ
が作れるのね!
Scratch
電源
ラズパイ
ここに
カメラモジュール
写すもの
ピンホールカメラ
カメラのスイッチ
完成すると
こんなカンジだよ!

実験《じっけん》のめあて

この章《しょう》の実験《じっけん》では、次の 3 つがめあてになります。

❶ラズベリーパイにカメラモジュールを組みこむこと

❷ラズベリーパイでスイッチを判定《はんてい》すること

❸牛乳《ぎゅうにゅう》パックカメラを組み立てて画像を撮影《さつえい》すること

用意《ようい》するもの❶（ラズパイ側）

タクトスイッチ

真ん中の出っぱりが押《お》しボタンになってるスイッチ

カメラモジュール

これで撮影《さつえい》できる!

フラットケーブル

カメラモジュールとラズベリーパイをつなぐためのケーブルだよ

ラズベリーパイ本体

タクトスイッチ、カメラモジュール、フラットケーブルは、Amazon などで買ってね

用意《ようい》するもの❷（ピンホールカメラ側）

こちらは、牛乳《ぎゅうにゅう》パックを使ったカメラで使うよ!

牛乳《ぎゅうにゅう》パック

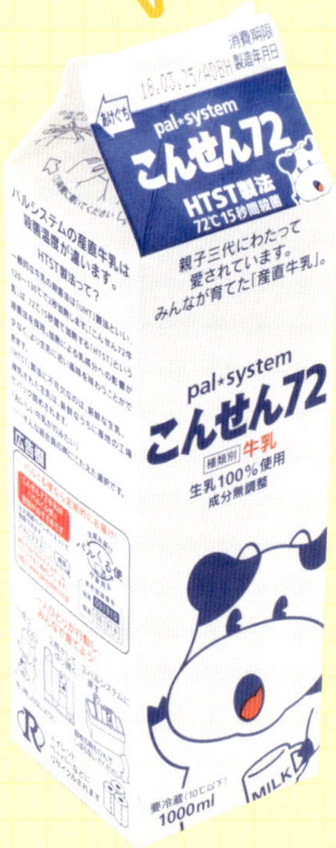

このなかに

レンズ

虫メガネと同じ
モノが大きく見えるレンズ

100円ショップで
買えるよ!

黒い画用紙（厚いものと薄《うす》いもの）
トレーシングペーパー

これは何に
使うのかしら?

そのほかにカッター、
セロハンテープ、両面テープなど

カメラ撮影実験《さつえいじっけん》の手順

1. カメラモジュール、スイッチの用意
2. カメラモジュールの組みこみ
3. スイッチの配線《はいせん》
4. Scratch《スクラッチ》の作成
5. 🏴をクリック! GOAL

まずは、ラズベリーパイにカメラモジュールを組みこみます。組みこむといっても、ハンダ付けは必要《ひつよう》ありません。専用《せんよう》のケーブルで接続《せつぞく》するだけです。ただし接続《せつぞく》するケーブルがとっても薄《うす》っぺらなので注意が必要《ひつよう》です。

カメラモジュールを接続《せつぞく》したラズベリーパイ

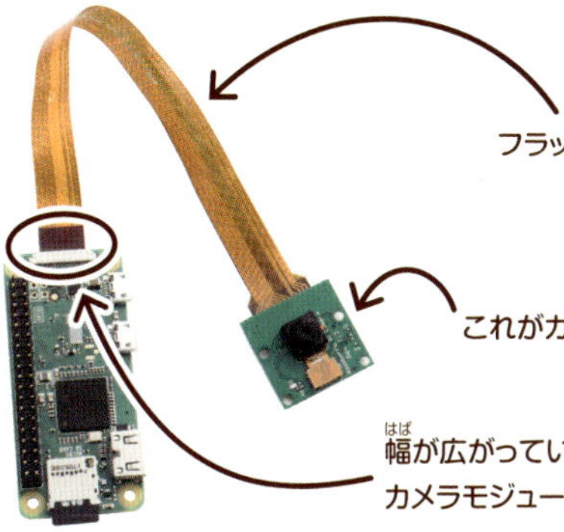
フラットケーブルで接続《せつぞく》する
これがカメラモジュールだよ
幅《はば》が広がっているほうを
カメラモジュールにとりつける

次に、ラズベリーパイにスイッチをつけます。スイッチをシャッターの代わりにして撮影《さつえい》してみましょう。最後は、ピンホールカメラを組み立てて、画像を撮影《さつえい》。ピンホールカメラ自体は、電子工作じゃないけれど、おもしろい撮影《さつえい》ができます。

これがデジタルピンホールカメラだ!

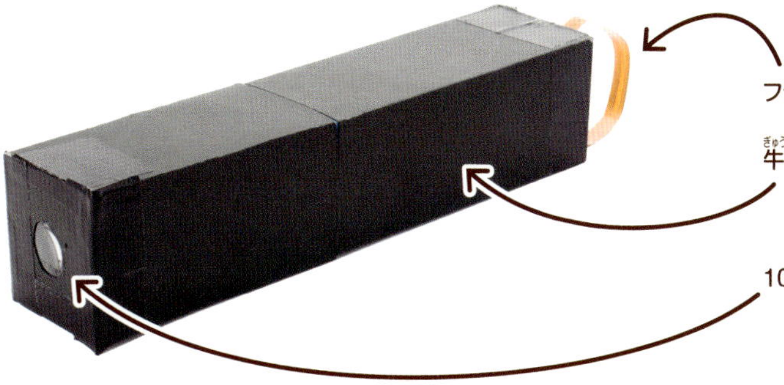
フラットケーブル
牛乳《ぎゅうにゅう》パック
100 円ショップのレンズ

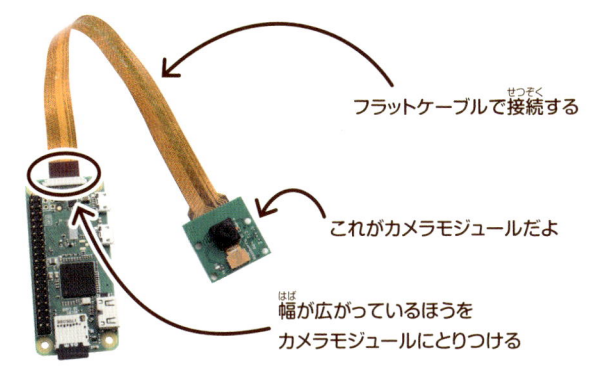

ラズベリーパイをデジタルカメラにする

「今度は、カメラを使ってみようか？」

「カメラって、スマホでも使うの？」

「違《ちが》うよ。ラズベリーパイにカメラをつなげる」

「デジカメごとつながるってこと？」

「それも違《ちが》うな。このカメラモジュールだけを、ラズベリーパイにつなげる」

カメラモジュール

ラズベリーパイには、専用《せんよう》のカメラモジュールをつなげることができます。ラズベリーパイのカメラモジュールは、レンズやセンサーといった、カメラとしてはなくてはならない部品《ぶひん》をひとつにまとめたパーツです。カメラモジュールをラズベリーパイから操作《そうさ》することで、ラズベリーパイをデジタルカメラのように利用することができます。

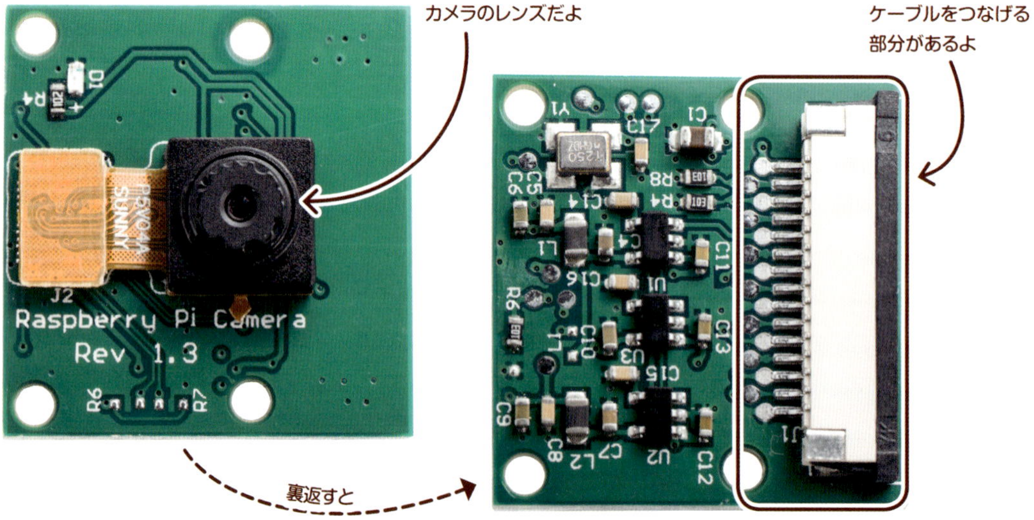
カメラのレンズだよ
ケーブルをつなげる部分があるよ
Raspberry Pi Camera
Rev 1.3
裏返すと

大人のかたへ　ラズベリーパイのカメラモジュール

ラズベリーパイのカメラモジュールは、スイッチサイエンスをはじめ、Amazon、秋月電子通商などで購入《こうにゅう》することができます。また Amazon では、値段《ねだん》の異なる複数のものが販売《はんばい》されています。この本で実験《じっけん》する目的なら、安価なもので十分です。ただし、ラズベリーパイ Zero《ぜロ》では、カメラモジュールを取り付けるコネクタが、これまでより小型化されています。Zero《ぜロ》以外のラズベリーパイとは異なっているため、ラズベリーパイ Zero《ぜロ》専用《せんよう》のケーブルが必要《ひつよう》です。

カメラモジュールをとりつけよう

フラットケーブル

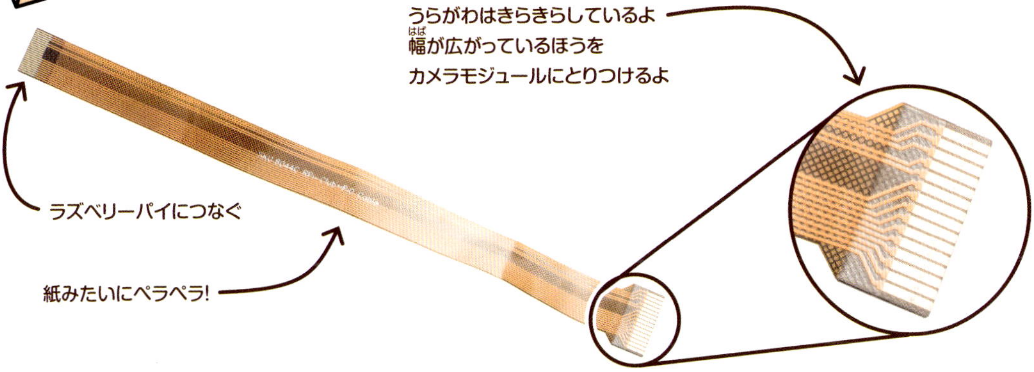
うらがわはきらきらしているよ
幅《はば》が広がっているほうをカメラモジュールにとりつけるよ
ラズベリーパイにつなぐ
紙みたいにペラペラ!

ラズベリーパイのカメラモジュールは、専用《せんよう》のフラットケーブルでラズベリーパイとつなげます。フラットケーブル（平らなケーブルという意味）は、その名前のとおりペラペラな薄《うす》っぺらいケーブルです。

ラズベリーパイを終了《しゅうりょう》して電源《でんげん》を抜《ぬ》いてから、次のようにフラットケーブルをカメラモジュールにとりつけます。ケーブルの幅《はば》の広いほうがカメラモジュール用です。

「けっこう小っちゃいんだ」

「ほんとに、パーツって感じだね」

「いったんラズベリーパイを終了《しゅうりょう》しておこう。ラズベリーパイにつなげるケーブルも薄《うす》っぺらだし慎重《しんちょう》に」

①コネクタを引き出す

両端《りょうはし》を持ってゆっくりとコネクタを引き出します。

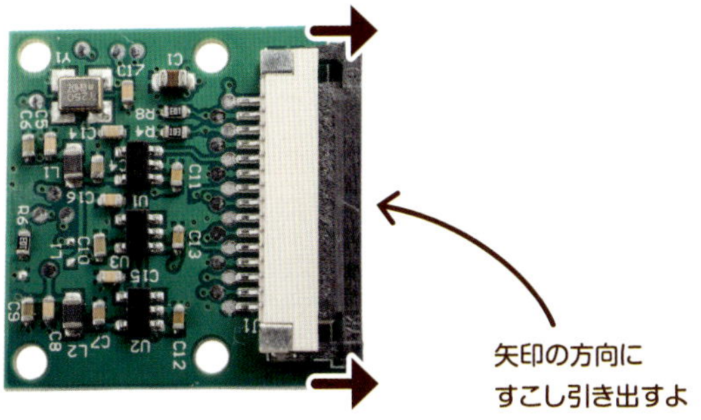
矢印の方向に
すこし引き出すよ

②ケーブルを差しこむところ

ケーブルの電極《でんきょく》（キラキラしているほう）をカメラのある側にして、コネクタの隙《すき》間《ま》にケーブルを差しこみます。

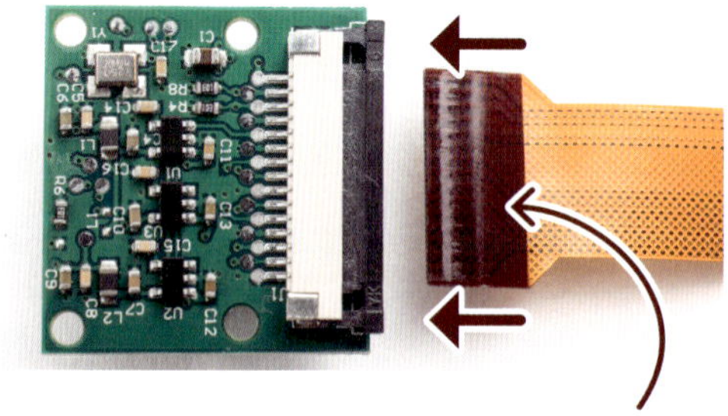
すきまに、差しこむ

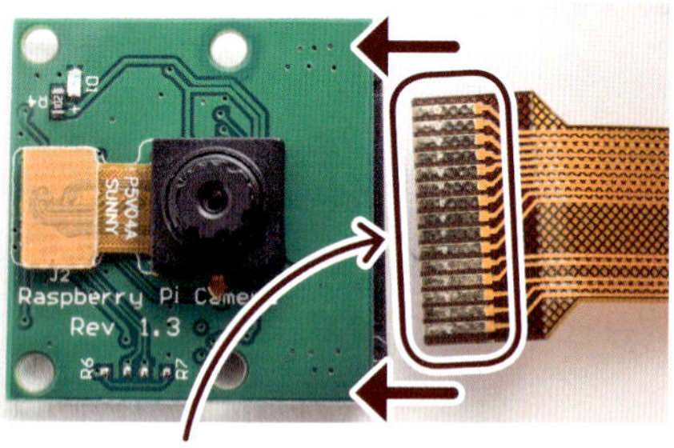
Raspberry Pi
Rev 1.3
きらきらしているほうをカメラの面にすること!

③コネクタの両端《りょうはし》を押《お》しこむ

ケーブルのもう一方は、同じような感じでラズベリーパイにとりつけます。

GPIO
USB
PWR IN
ラズパイにとりつける

④完成!

両方につながるとこんなカンジになります。

カメラモジュールで遊ぼう

「これでいいのかな？」

「ちゃんと向きは、あってる？」

「大丈《だいじょう》夫《ぶ》そうなら、電源《でんげん》をつないで、Scratch《スクラッチ》でためしてみよう」

ラズベリーパイが起動したら、Scratch《スクラッチ》をたち上げよう。もし、これまでのスクリプトが残っていたら、［ファイル］メニューから［しんき］を選んで、あたらしいスクリプトにしてください。これで、スクリプトがすべて削除《さくじょ》されます。

[しんき]

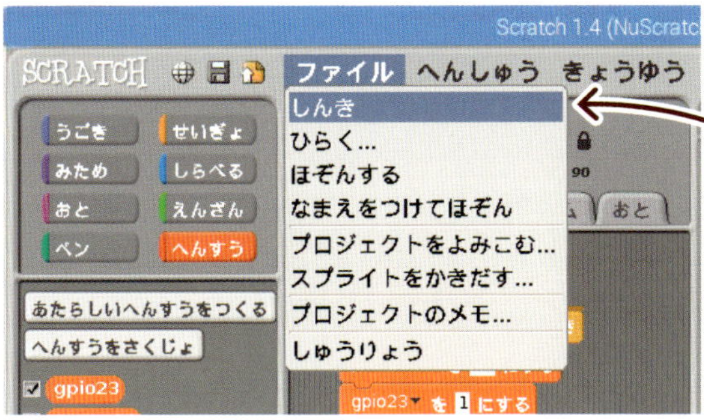

［しんき］を選んで、
スクリプトをあたらしくするよ

それと［へんしゅう］メニューから、［GPIO《ジーピーアイオー》サーバーをかいし］を選んでいなかったら、ここで選んでおきましょう。

準備《じゅんび》ができたら、Scratch《スクラッチ》の画面の真ん中にある、コスチュームをクリックしてみよう。

[GPIO《ジーピーアイオー》サーバーをかいし]

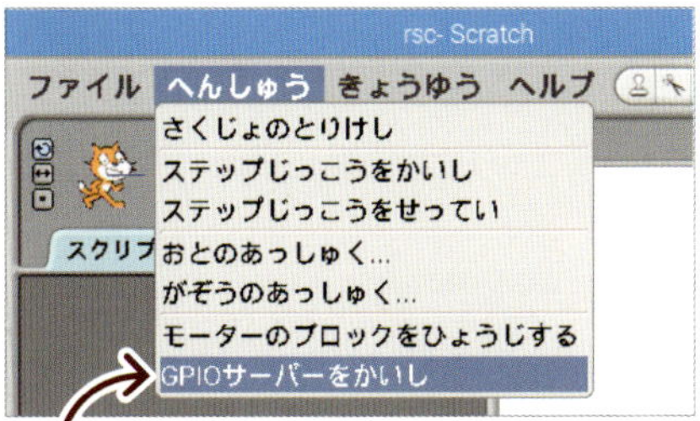

［へんしゅう］メニューから［GPIO《ジーピーアイオー》サーバーをかいし］を選ぶよ

コスチュームをクリック

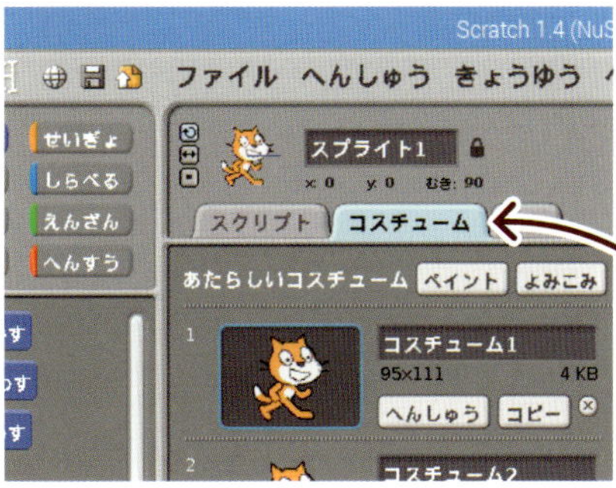

クリックすると、
コスチュームの
画面に変わるよ

すると、スクリプトの画面から、コスチュームを選択《せんたく》する画面に変わります。コスチュームは、Scratch《スクラッチ》で動かす画像のことです。最初は、スクラッチキャットの画像になっています。

コスチュームの画面には、あたらしいコスチュームと書いてある横にボタンが 3 つあります。いちばん右にカメラと書いてあるボタンがあるので、そのボタンをクリックします。

カメラボタンをクリック

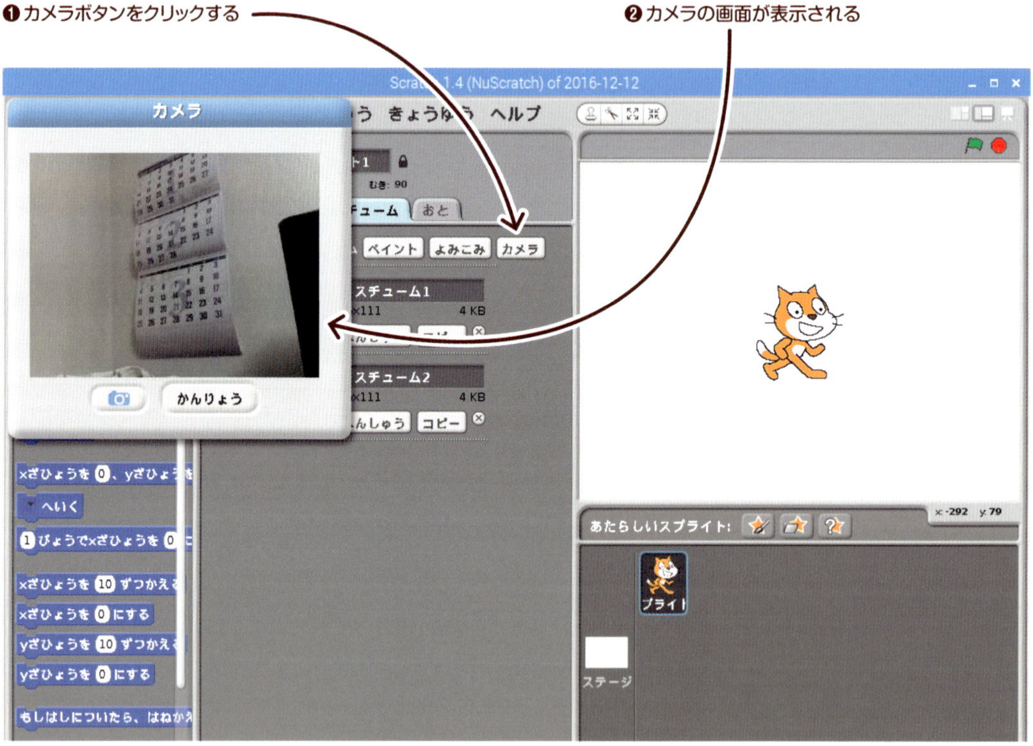

「カメラのボタンをクリックね」

「あ、光ったよ」

「カメラが動いているあいだ、カメラモジュールの LED《エルイーディ》 が光るんだ」

カメラボタンをクリックすると、カメラモジュールについている LED《エルイーディ》 が赤く光り、Scratch《スクラッチ》 の画面には、カメラという画面が表示されます。カメラ画面には、今カメラに写《うつ》っているものが表示されています。カメラモジュールを動かしてみて、ちゃんと画面に写《うつ》るか、ためしてみてください。

「カメラ画面に、カメラマークがあるけど、これは？」

「そのボタンをクリックしてごらん」

「コスチュームが増《ふ》えた！」

カメラマークのボタンをクリックすると、写《うつ》っている写真をコスチュームの画像として取りこみます。カメラ画像は、スクラッチキャットの代わりに使うことができます。

カメラボタンをクリック

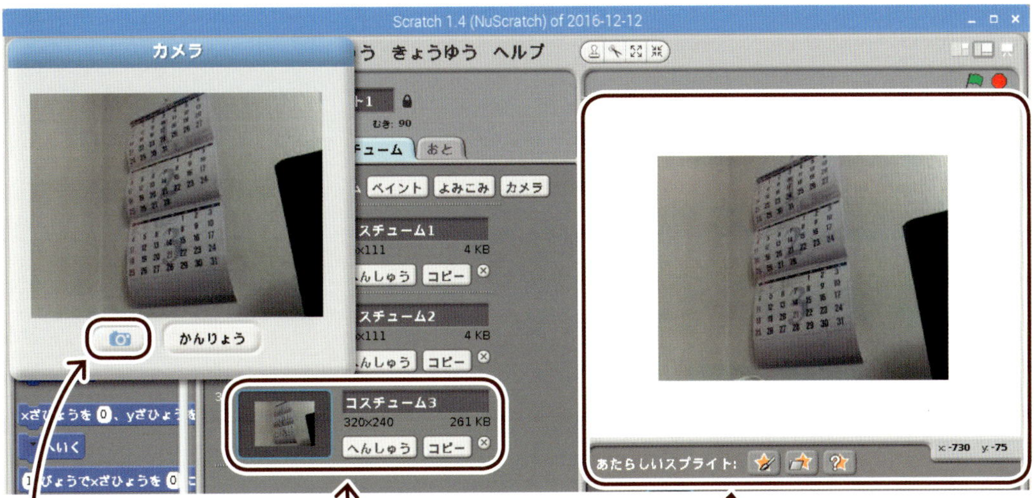

❶このボタンをクリックする

❷画像が取りこまれるよ

カメラ画面の［かんりょう］ボタンをクリックすると、カメラ画面は消えます。いったんここで、カメラ画面は消しておきましょう。

カメラ機能のかんりょう

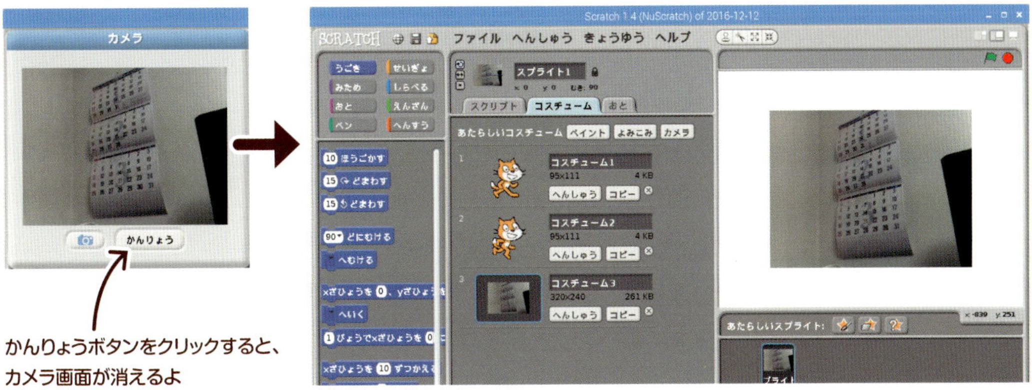

かんりょうボタンをクリックすると、
カメラ画面が消えるよ

スクリプトで写真を撮《と》ってみよう

「カメラ画面を消したら、今度は、スクリプトからカメラを使ってみようか」
「それもできるんだ」
「で、どうやるの？」

Scratch《スクラッチ》の真ん中の画面をスクリプトの画面に切り替《か》えます。そして、せいぎょグループのブロックから［～をおくる］ブロックをドラッグアンドドロップして、スクリプト画面におきます。

おくるブロック

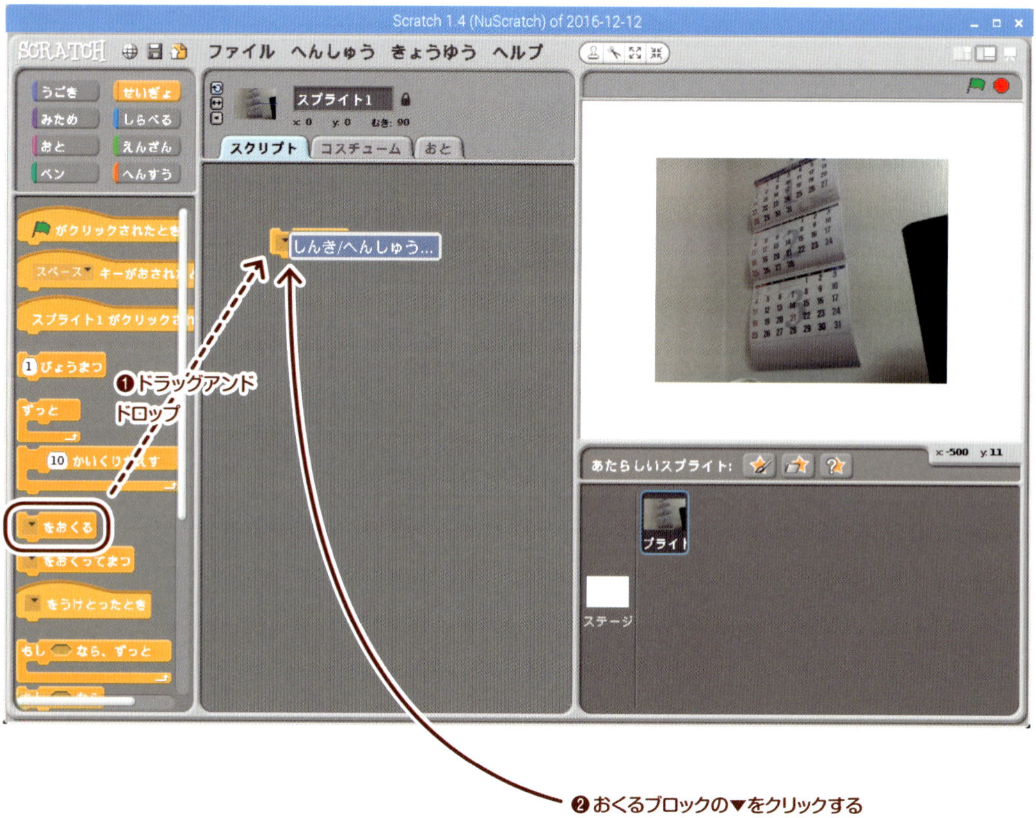

おくるブロックの左の▼のところをクリックすると、［しんき／へんしゅう］というメニューが表示されるので、またそれをクリックします。すると、メッセージのなまえを入力する画面があらわれます。

「このブロックで、ラズベリーパイにメッセージを送れるよ」

「メッセージ？」

「そう、写真を撮《と》れ、というメッセージ＝命令《めいれい》だね」

メッセージのなまえを入力する画面には、**photo** と入力して、［OK］ボタンを押《お》します。photo とは、英語で写真という意味です。これで、ラズベリーパイに photo というメッセージを送るブロックになりました。このブロックをクリックすると、カメラが動いて写真が撮《と》れます。撮《と》れた画像は、Scratch《スクラッチ》 の右の画面に表示されます。

photoをおくるブロック

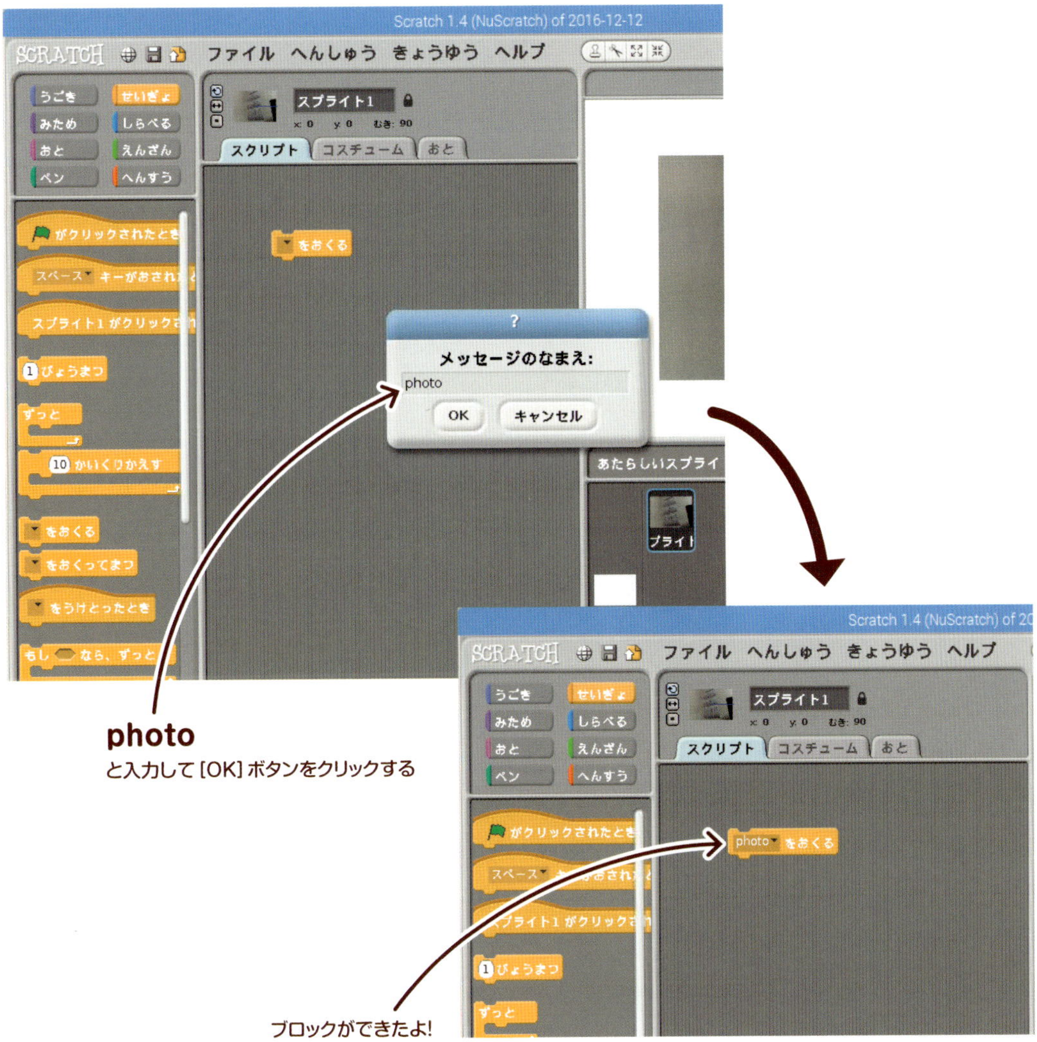

シャッターをつけてみよう

「ブロックで写真が撮《と》れるようになったけど…」

「クリックだとシャッターぽくないね」

「そうだね、じゃあ、ラズベリーパイにスイッチをつけてみようか」

スイッチは、電気回路のオン / オフを切り替《か》える部品《ぶひん》です。スイッチは、とても多くの種類がありますが、電子工作では、そのままブレッドボードに取りつけられる形のスイッチが便利です。この本では、タクトスイッチと呼《よ》ばれるスイッチを使います。タクトスイッチは、基板《きばん》にとりつけて使うスイッチです。

タクトスイッチ

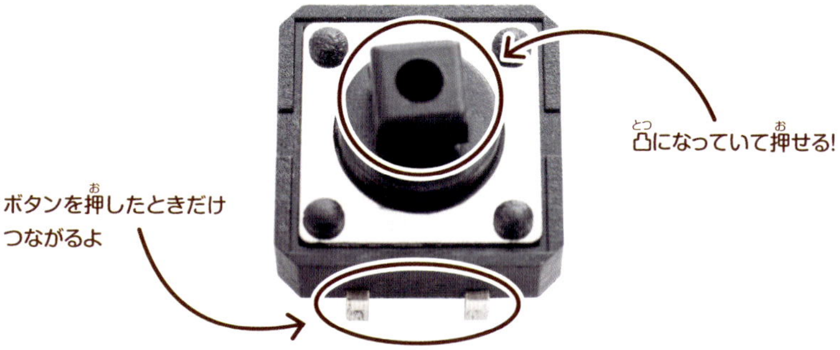
凸《とつ》になっていて押《お》せる!
ボタンを押《お》したときだけつながるよ

タクトスイッチは、表面にあるボタンを押《お》したときだけオンになり、はなすとオフになります。スイッチの内部は、次のような接続《せつぞく》になっています。

タクトスイッチの中身

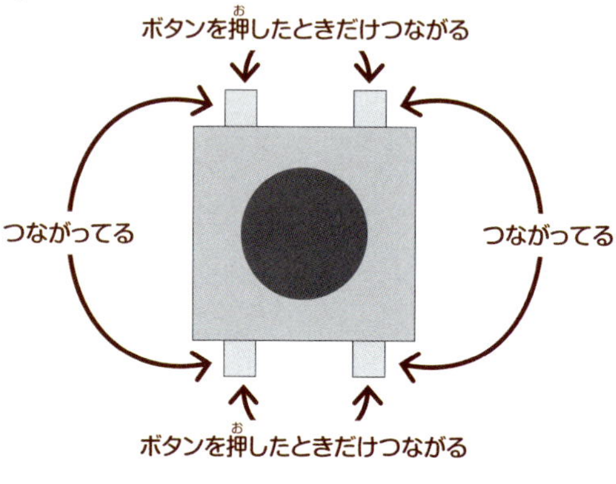
ボタンを押《お》したときだけつながる
つながってる
つながってる
ボタンを押《お》したときだけつながる

「ブレッドボードにとりつけてみよう」

「押《お》しこむだけだね」

「でも 4 つも足あって、どうつなぐのかな」

「スイッチにも向きがあるんだ」

「足が出てる面と、出てない面があるよ！」

多くのタクトスイッチには、4 つの足 (端子《たんし》) があります。ボタンを押《お》すと、この 4 つがすべてつながるようになっています。

シャッターとして使うには、2 つの端子《たんし》だけを使います。2 つの端子《たんし》がつながったかどうかを調べることができれば、シャッターとして使うことができる、というわけです。

タクトスイッチには、向きがあります。4 つの端子《たんし》がある場合、同じ側面から出ている 2 つの端子《たんし》がスイッチになっていますので、その 2 つにつなぎます。

いよいよ配線《はいせん》

配線《はいせん》は、ラズベリーパイとタクトスイッチをつなぐだけです。ブレッドボードにタクトスイッチを差しこむときは、向きに気をつけましょう。タクトスイッチは最初からつながっている端子《たんし》があります。ブレッドボードも内部でつながっている向きがあるので、それに合わせるように差しこみます。2 つの足が、ブレッドボードの違う数字の穴《あな》になるようにすれば、どこに差しこんでも大丈夫《だいじょうぶ》です。

スイッチの配線《はいせん》の手順

次のページから組み立てていくぞ!

❶ ブレッドボードにスイッチを差しこむ

↓

❷ ラズパイのGPIO《ジーピーアイオー》23とスイッチをジャンパワイヤでつなぐ

↓

❸ ラズパイの3.3Vとスイッチの足をジャンパワイヤでつなぐ

①タクトスイッチを差しこむ

次に GPIO23《ジーピーアイオー》とスイッチの端子《たんし》をつなぎます。

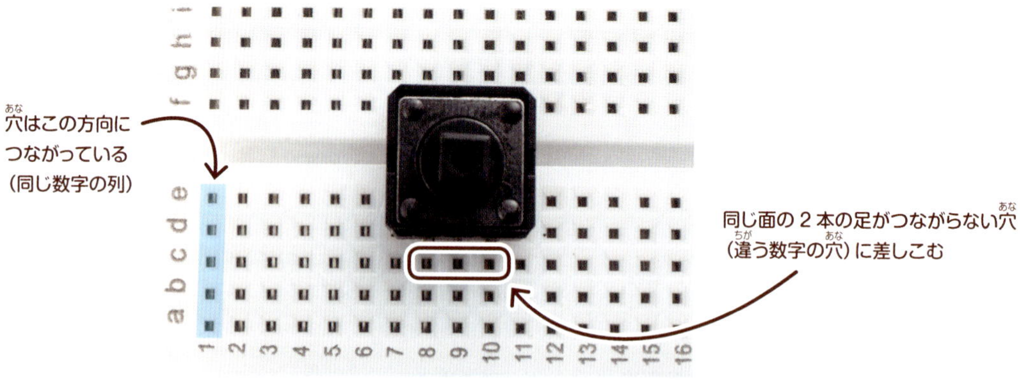

穴《あな》はこの方向に
つながっている
（同じ数字の列）
同じ面の 2 本の足がつながらない穴《あな》
（違《ちが》う数字の穴《あな》）に差しこむ

②GPIO23《ジーピーアイオー》をつなぐ

そして、1 番めのピンと、もうひとつのスイッチの端子《たんし》をつなぎます。1 番めのピンは、ずっと 3.3V の電気が流れているピンです。

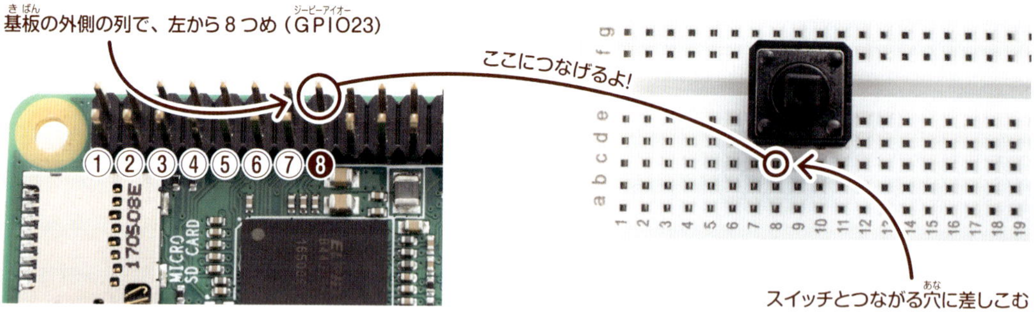

基板《きばん》の外側の列で、左から 8 つめ（GPIO23《ジーピーアイオー》）
ここにつなげるよ!
①②③④⑤⑥⑦⑧
MICRO SD CARD
170508E
スイッチとつながる穴《あな》に差しこむ

③1番目のピンをつなぐ

このように配線《はいせん》すると、スイッチを押《お》したときだけ、GPIO23《ジーピーアイオー》に電気が流れるようになります。

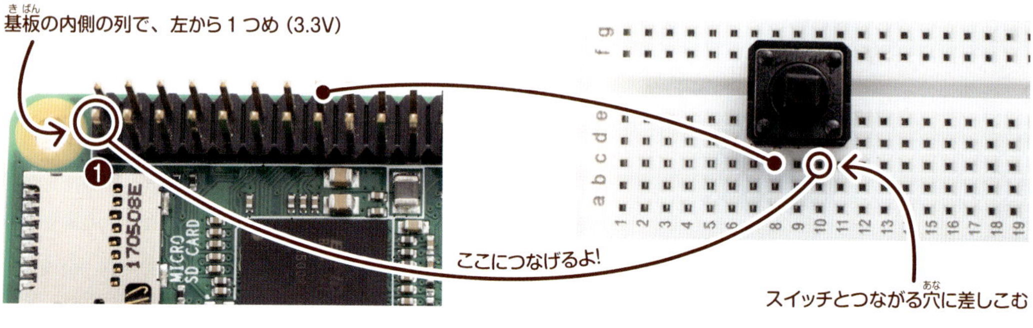

基板《きばん》の内側の列で、左から 1 つめ（3.3V）
①
MICRO SD CARD
170508E
ここにつなげるよ!
スイッチとつながる穴《あな》に差しこむ

スイッチを判定《はんてい》してみよう

「配線《はいせん》ができたら、さっそくスイッチのオン、オフを調べてみよう」

「どうやって？」

「GPIO《ジーピーアイオー》ってやつにつないでるから、それを使うんじゃない？」

今度は、GPIO《ジーピーアイオー》に電気が流れこむかどうかを調べることで、スイッチのオン、オフを判断《はんだん》します。このようにGPIO《ジーピーアイオー》は、電気を出す（出力といいます）ことも、電気がどれくらい流れこむか（入力といいます）を調べることもできます。

GPIO《ジーピーアイオー》で電気がどれくらい流れるかを調べるには、最初にGPIO《ジーピーアイオー》の設定《せってい》が必要《ひつよう》です。設定《せってい》を変更《へんこう》して、入力を受けつけるようにします。GPIO《ジーピーアイオー》の設定《せってい》には、さっきの「～おくる」ブロックを使います。

［ファイル］メニューから［しんき］を選んで、いったんスクリプトを消しておきます。そして、［ がクリックされたとき］のブロックを配置《はいち》しましょう。

がクリックされたとき

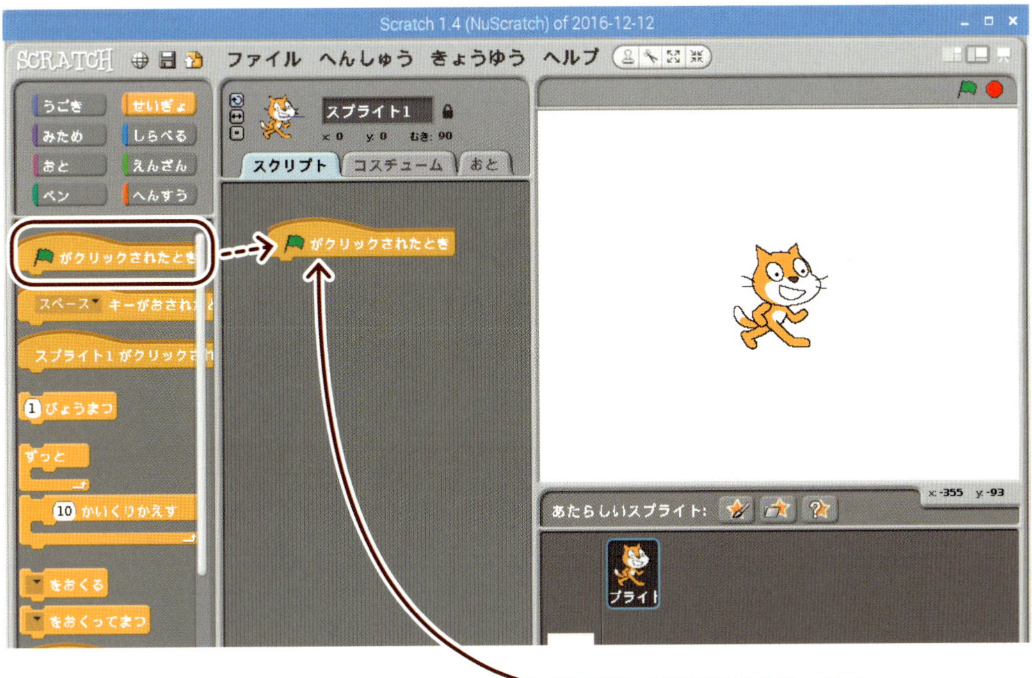

［ がクリックされたとき］をもってくる

「それじゃあ、まず、さっきの[おくる]ブロックをもってきて」

「次にブロックをクリックして、しんき／へんしゅう、かな」

「で、なんて打てばいい？」

[おくる] ブロックをつなげる

次に [〜をおくる] ブロックをもってきて、[がクリックされたとき] ブロックにつなげます。

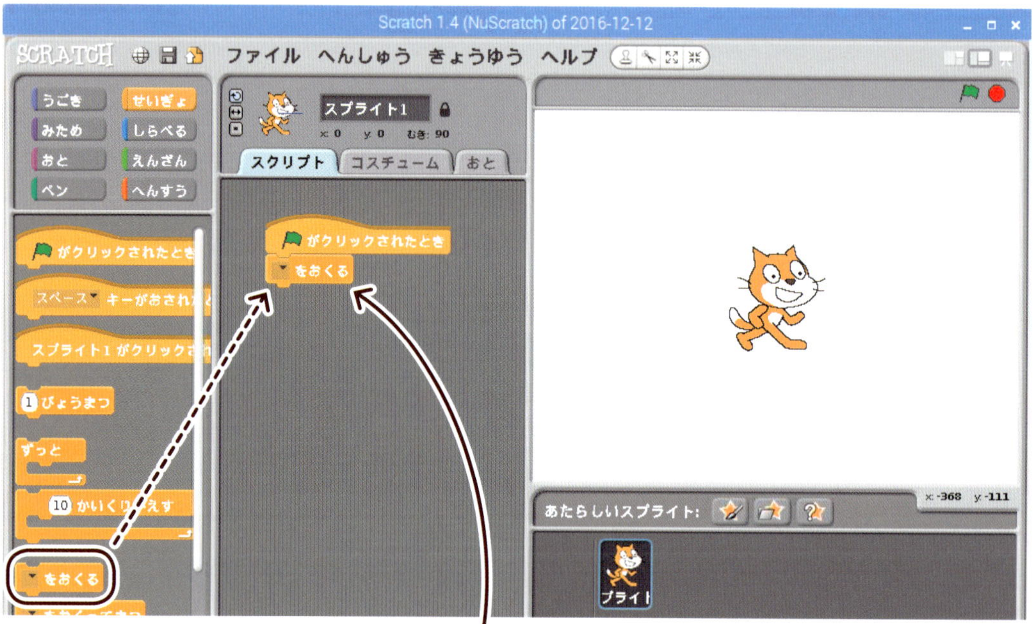

[〜をおくる] ブロックをつなげる

[〜をおくる] ブロックの▼をクリックすると、[しんき／へんしゅう] というメニューが表示されます。そのままその項目《こうもく》を選びます。

しんき／へんしゅう

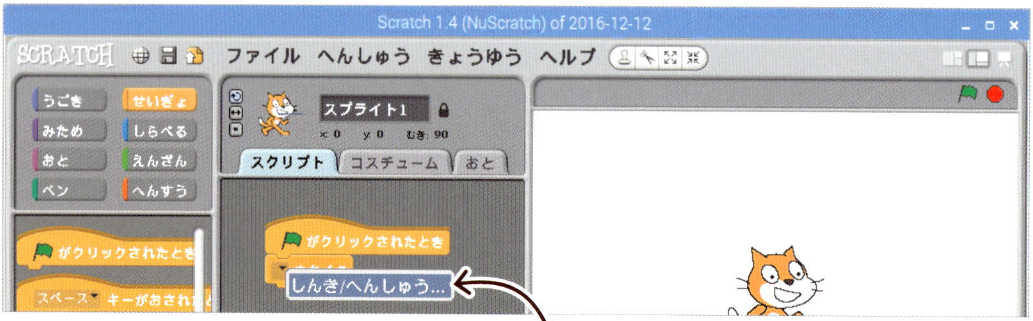

▼をクリックして [しんき／へんしゅう] をクリックするよ

すると、メッセージのなまえを入力する画面が表示されます。ここで「**config23inputpulldown**」と入力して、［OK］ボタンをクリックします。

config23inputpulldownとは、GPIO23《ジーピーアイオー》を、入力（input）のプルダウン（pull down）設定《せってい》（config）にする、というメッセージになります。この設定《せってい》は、とても大切ですので、忘《わす》れないようにしましょう。

メッセージのなまえ

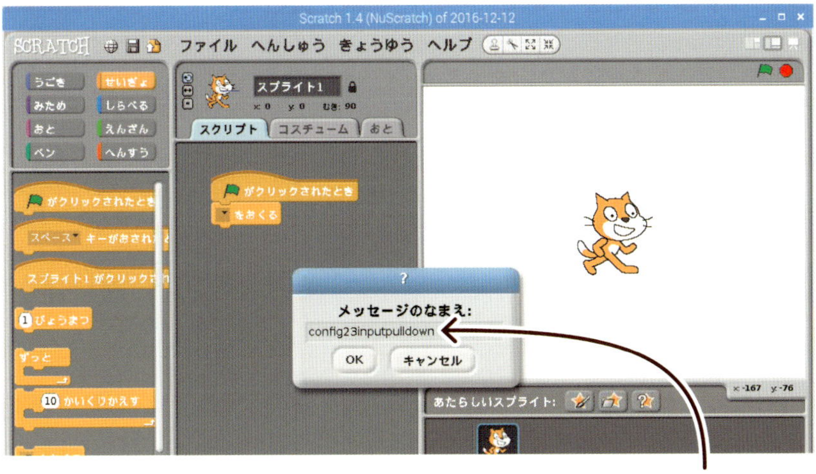

config23inputpulldown と入力しよう

ここで必ず、いちど🏁をクリックしてスクリプトを動かしておきます。動かしておかないと、次に配置《はいち》するGPIO23《ジーピーアイオー》の値《あたい》を調べるためのブロックのメニューに、GPIO23《ジーピーアイオー》が出てきません。

［config23inputpulldownをおくる］ブロック

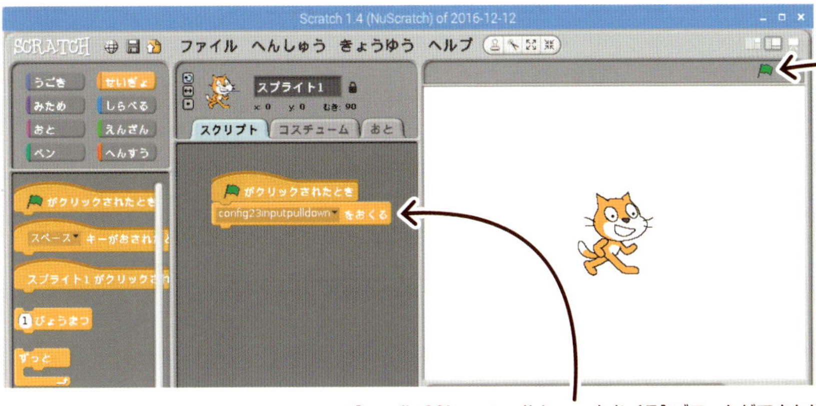

ブロックができたら、
🏁をクリックしておこう

［config23inputpulldown をおくる］ブロックができた!

センサーの値《あたい》を調べよう

「センサーってわかるかな」

「聞いたことはあるけど」

「なんとなくはわかるよ」

「かんたんにいうと、光や音や電気などの状態《じょうたい》を、わかりやすいように変換《へんかん》するもの」

「ぜんぜん、かんたんじゃないけど…」

「ここでは、GPIO《ジーピーアイオー》を電気のセンサーとして使うんだ」

GPIO《ジーピーアイオー》23を入力に設定《せってい》したので、GPIO《ジーピーアイオー》23に流れる電気を調べられるようになりました。スクリプトから電気を調べるには、［センサーのあたい］というブロックを使います。

Scratch《スクラッチ》のブロックのグループを、［しらべる］ボタンをクリックして切り替《か》えます。ブロックのなかに、［～▼センサーのあたい］というブロックがあります。

センサーのあたいブロック

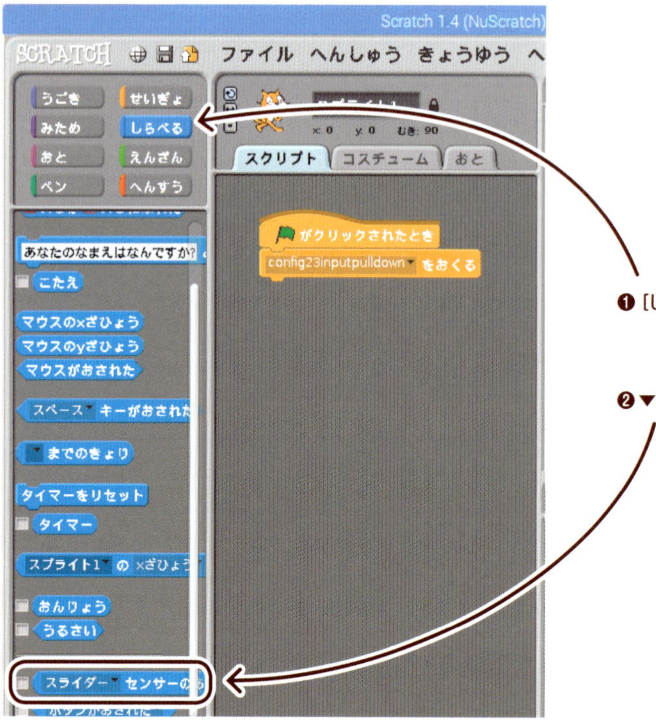

そのままで▼をクリックすると、いろいろなセンサーの一覧《いちらん》が表示されます。GPIO23《ジーピーアイオー》がない場合は、一番下の moreにマウスを持っていくと、さらに出てきますので、gpio23 が出てきたらクリックします。gpio というのは、GPIO《ジーピーアイオー》と同じ意味です。

gpio23を選ぶ

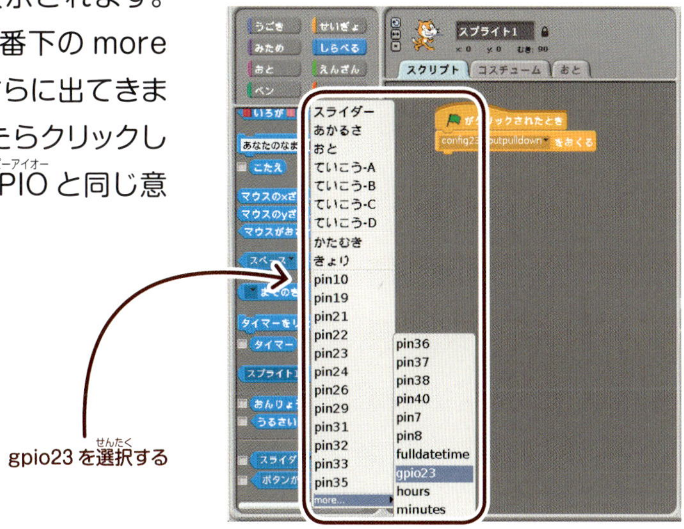

そして、ブロックの左の□にチェックを入れます。すると、ステージに [gpio23 センサーのあたい] があらわれます。これは、GPIO23《ジーピーアイオー》に電気が流れているかどうかの値《あたい》を示します。

gpio23センサーのあたいが追加される

最初は何もつながっていないので、ステージの GPIO23《ジーピーアイオー》の値《あたい》は「0」になっているはずです。ラズベリーパイにつないだスイッチを押《お》すと、GPIO23《ジーピーアイオー》に電源《でんげん》がつながり、1 になります。なので、GPIO23《ジーピーアイオー》の値《あたい》が 1 と同じになっているかどうかを判断《はんだん》すれば、スイッチが押《お》されたことが判定《はんてい》できるというわけです。

「1 ＋ 2 は？」

「いきなり何っ。3 に決まってるじゃん」

「式なら、どうなる？」

「1+2=3」

「そう。その式は、1+2 と、3 が同じことを示してる」

「知ってるよ、それぐらい」

同じかどうかを判断《はんだん》するには、えんざんのグループにある、□＝□のブロックを使います。

えんざん

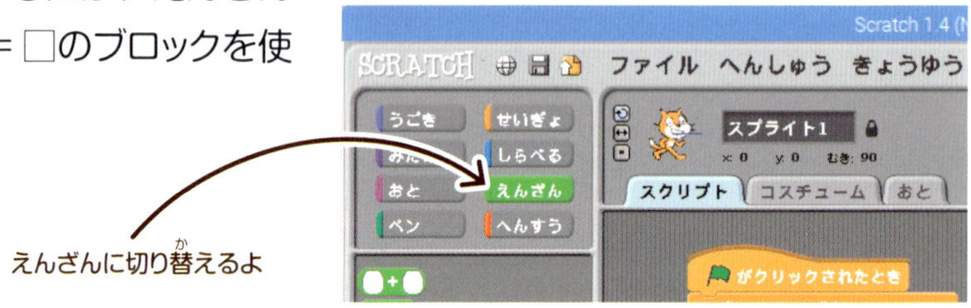

えんざんに切り替《か》えるよ

＝は算数で出てきた記号ですね。同じ値《あたい》であることを示す記号です。

まず、[=] のブロックを持ってきます。

ブロック

□＝□のブロックをもってくる

[gpio23センサーのあたい=1] ブロック

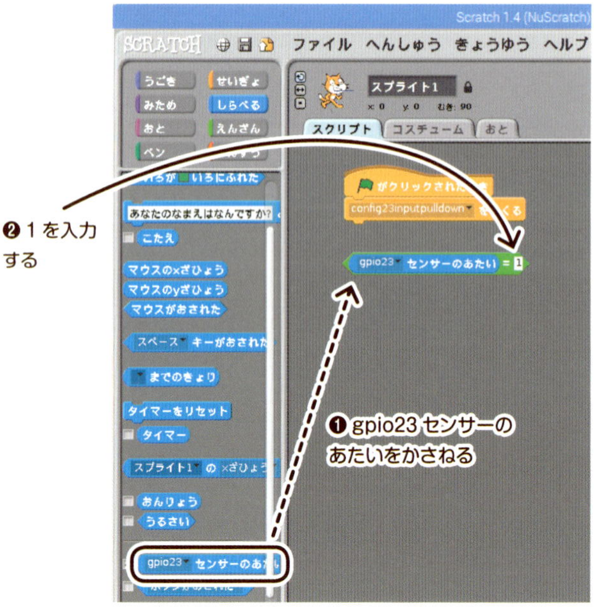

❷ 1 を入力する
❶ gpio23 センサーのあたいをかさねる

それに [gpio23 センサーのあたい] を左にかさねます。そして、[=] の右に、キーボードから 1 を入力します。

これで、GPIO《ジーピーアイオー》23 が 1 に等しいかどうかを調べる用意ができました。

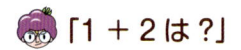

「もし、あした晴れたら、何する？」

「え？」

「あしたは、晴れても雨でも宿題かな」

「もし、gpio23 センサーのあたいが 1 なら？」

もし、〜なら、というういいかたは会話のなかでもよく使われます。これと同じようなことをスクリプトでも使います。ここでは、gpio23 センサーの値《あたい》が 1 と同じになったら「〜する」というふうにします。［せいぎょ］のグループのブロックなかに［もし〜なら］というブロックがあるので、それを持ってきます。そして［もし］と書かれた右にところに、さっきの［gpio23 センサーのあたい ＝ 1］のブロックをかさねます。もし〜ならブロックのなかには、そのときに動かしたいものを入れます。

もし「gpio23センサーのあたい=1」になったら

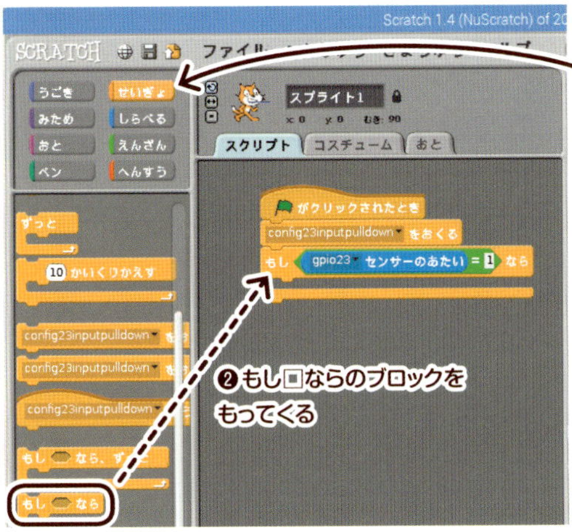

❶［せいぎょ］に切り替《か》えて、

いちど動きをたしかめるために、［10 ほうごかす］ブロックをいれてみます。そして、 をクリックしてみましょう

［10ほうごかすブロック］を追加する

［うごき］に切り替《か》えて、　［10 ほうごかす］ブロックを追加する

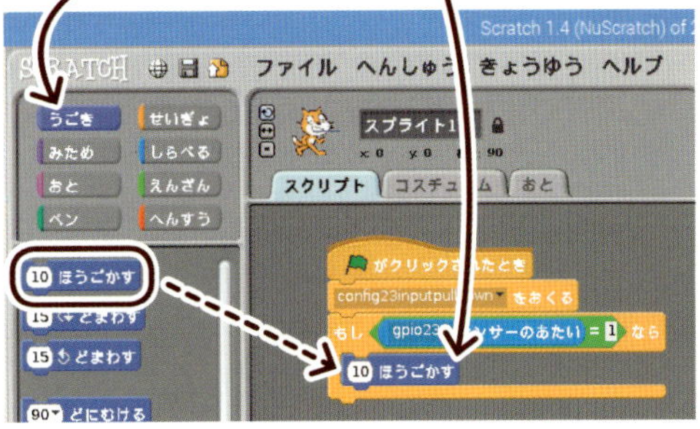

「クリックしたよ」

「あれ、白い枠《わく》がすぐに消えた」

「スクリプトがすぐに終わったんだよ」

このままでは、gpio23 センサーの値《あたい》を1 回だけ調べただけでスクリプトが終わってしまいます。1 回だけで終わらないように、［ずっと］ブロックを使います。［ずっと］ブロックのなかに、［もし～なら］というブロックを配置《はいち》します。

［ずっと］ブロックの追加

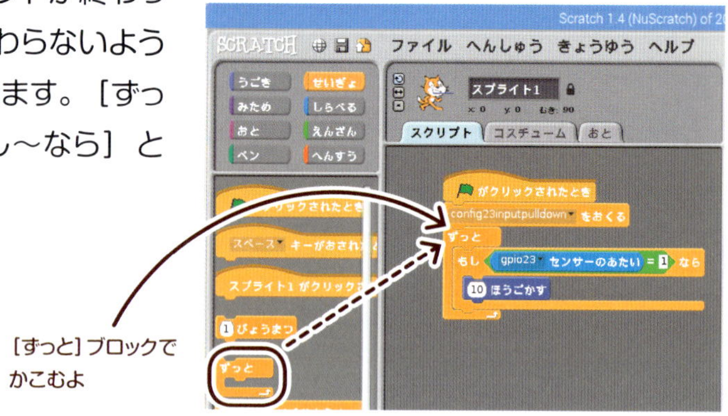
［ずっと］ブロックで
かこむよ

これでスイッチを押《お》すと、スクラッチキャットが動くはずです。

スイッチの確認《かくにん》

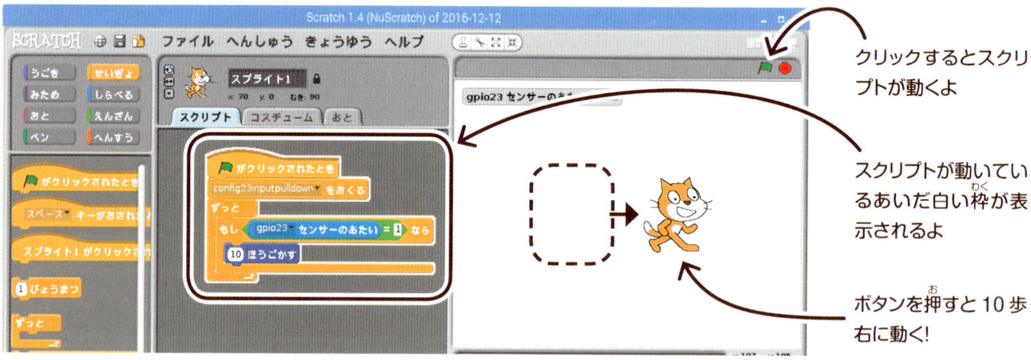
クリックするとスクリプトが動くよ
スクリプトが動いているあいだ白い枠《わく》が表示されるよ
ボタンを押《お》すと 10 歩右に動く!

スイッチの確認《かくにん》ができたら、今度は、写真を撮《と》るブロックに変えます。これで、スイッチを押《お》すと、シャッターのように写真が撮《と》れるようになりました。

スイッチを押《お》して撮影《さつえい》してみましょう。撮影《さつえい》した画像は、Scratch《スクラッチ》 の右のステージに表示されます。また、コスチュームに追加されているはずです。

スイッチを押《お》すと撮影《さつえい》する

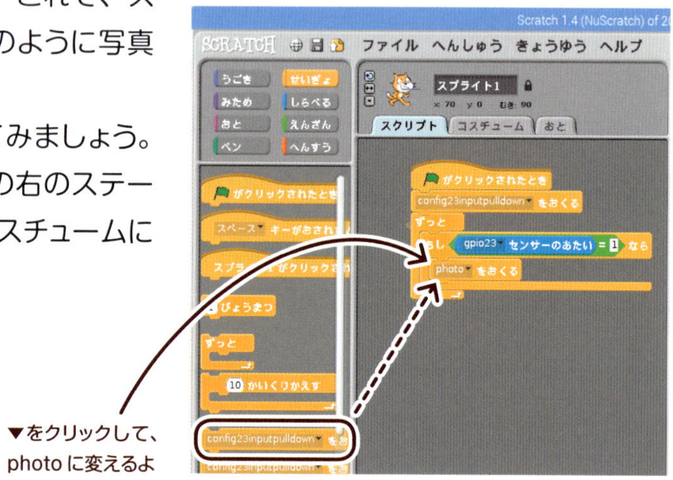
▼をクリックして、
photo に変えるよ

牛乳《ぎゅうにゅう》パックと100円ショップのレンズで実験《じっけん》してみよう

今度は、牛乳《ぎゅうにゅう》パックを使った工作をして実験《じっけん》してみよう。不思議な画像が写《うつ》りますので、この画像をラズベリーパイで撮影《さつえい》してみます。

牛乳《ぎゅうにゅう》パックカメラの撮影実験《さつえいじっけん》手順

1. 牛乳《ぎゅうにゅう》パックや画用紙の用意
2. 牛乳《ぎゅうにゅう》パックカメラの作成
3. 映像《えいぞう》の確認《かくにん》
4. カメラモジュールのとりつけ
5. Scratch《スクラッチ》から撮影《さつえい》 GOAL

ピンホールカメラと凸《とつ》レンズ

「ところでカメラの原理《げんり》ってわかってる？」

「それは…」

「知ってるわけないじゃん」

「ピンホールカメラは、聞いたことあるかな」

「ピンホール？」

「ピンホールカメラとは、針《はり》であけたように小さい穴《あな》を使ったカメラのこと」

ピンホールカメラとは、光を集めるレンズを使わないで、小さな穴《あな》だけを使ったカメラです。次のように、小さな穴《あな》で光りがしぼられて、外の絵が写《うつ》るようになるものです。写《うつ》る像は、上下左右が反対になります。

ピンホールカメラのしくみ

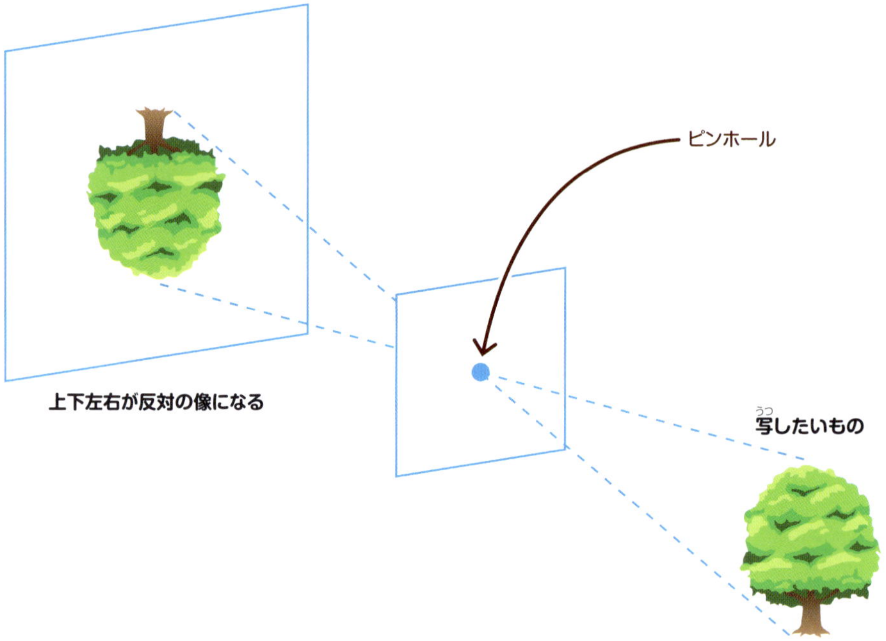

「小さい穴《あな》だけじゃ、きれいに見えないからコレ！」

「虫メガネ？」

「そう、虫メガネは、モノが大きく見える凸《とつ》レンズなんだ。この凸《とつ》レンズを使うと、ピンホールよりもっと光が集められる」

「そういえば、太陽の光を集めて、紙を燃《も》やしたことがある！」

この実験《じっけん》では、ピンホールの変わりに、凸《とつ》レンズを使うことにします。凸《とつ》レンズは、100 円ショップで買うことができます。100 円ショップには、虫メガネや拡大鏡《かくだいきょう》、スマートフォンにとりつけて画像を見るための VR メガネといった、凸《とつ》レンズを使った商品がいろいろあります。

この実験《じっけん》では、100 円ショップの商品のレンズの部分だけとりだす必要《ひつよう》があります。虫メガネなどの分解《ぶんかい》のしかたがわからないときは、大人の人に手伝ってもらいましょう。

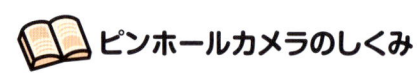

牛乳《ぎゅうにゅう》パックカメラの作り方

「さっき飲んだ１リットルの牛乳《ぎゅうにゅう》パックと黒い画用紙を持ってきて」

「牛乳《ぎゅうにゅう》パックはまだ洗ってないよ」

「では先に、外箱から作っておこう」

「きれいに穴《あな》をあけるの、むずかしいな」

「だいたいの感じでもいいし、いろいろ工夫してごらん」

「コンパスでしるしをつけたらいいかも」

牛乳《ぎゅうにゅう》パックとレンズを使ったカメラは、次のように作ります。

①黒い画用紙を切る

最初に、黒い画用紙を次の図のように切りとります。

これは、牛乳《ぎゅうにゅう》パックを覆《おお》う筒《つつ》の形の外箱になります。そのため、外箱の幅《はば》は、牛乳《ぎゅうにゅう》パックの幅《はば》よりちょっとだけ大きい7.1㎝にしています。

画用紙は、少し厚めのものがいいでしょう。なければ、画用紙に別の厚紙をはって補強《ほきょう》しましょう。

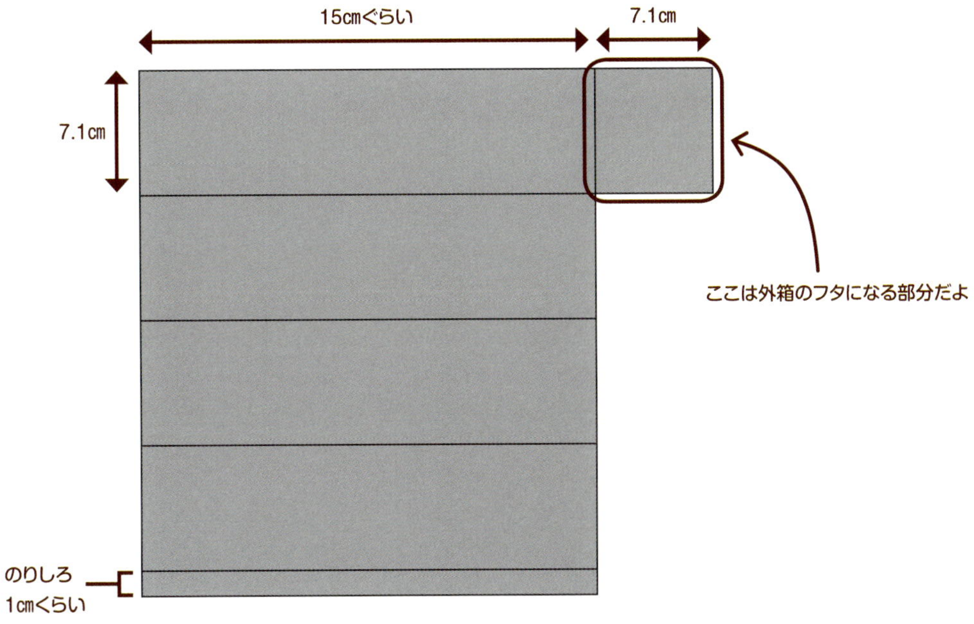
15㎝ぐらい
7.1㎝
7.1㎝
ここは外箱のフタになる部分だよ
のりしろ
1㎝ぐらい

②フタに穴《あな》をあける

外箱のフタの中心に、レンズより少し小さめの穴《あな》をあけます。きれいに穴《あな》をあけるのは難《むずか》しいかもしれません。もしあれば、デザインカッターと呼《よ》ばれる曲線が切りやすいカッターなどを使ってみてください。

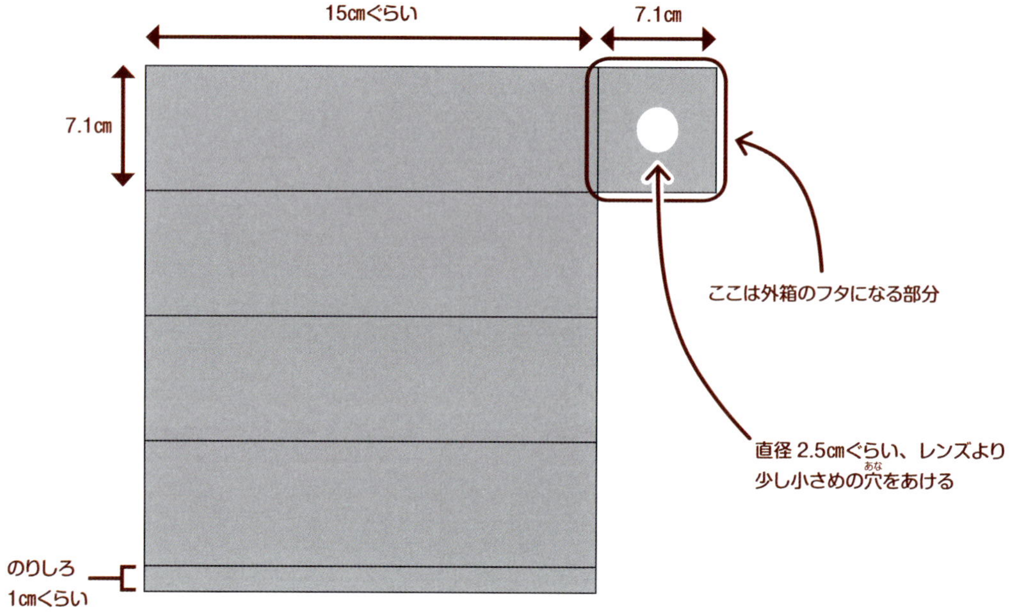
15㎝ぐらい
7.1㎝
7.1㎝
ここは外箱のフタになる部分
直径 2.5㎝ぐらい、レンズより
少し小さめの穴《あな》をあける
のりしろ
1㎝くらい

③穴《あな》にレンズをつける

穴《あな》の上にレンズをのせ、セロハンテープや黒いビニールテープなどで、はりつけておきます。

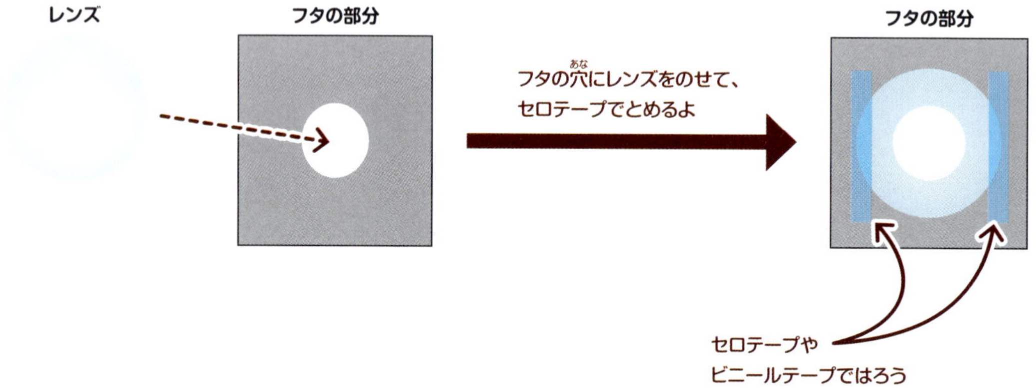
レンズ
フタの部分
フタの穴《あな》にレンズをのせて、
セロテープでとめるよ
フタの部分
セロテープや
ビニールテープではろう

④外箱を組み立てる

牛乳《ぎゅうにゅう》パックをおおうように紙を折り曲げて、筒《つつ》のかたちにします。光がもれないように、セロハンテープや黒いビニールテープなど、端《はじ》っこをとめておきます。これで外箱の完成です。

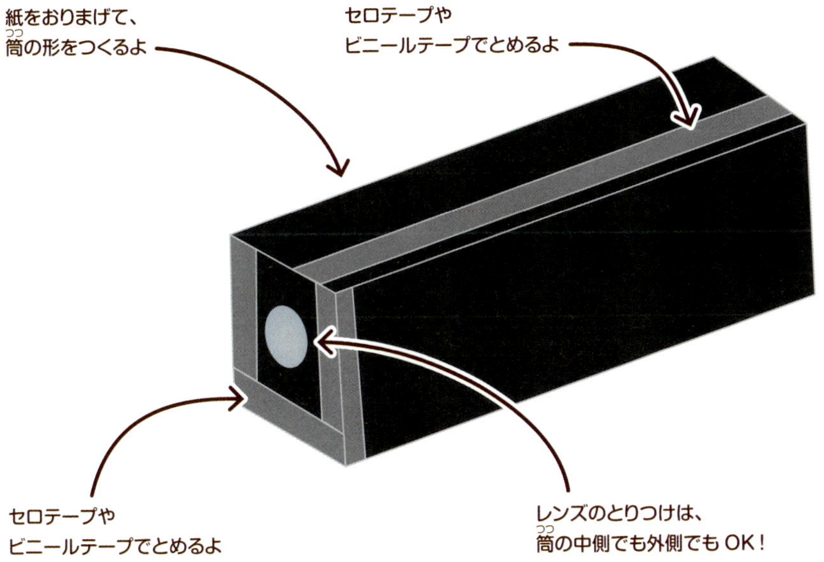
紙をおりまげて、
筒《つつ》の形をつくるよ
セロテープや
ビニールテープでとめるよ
セロテープや
ビニールテープでとめるよ
レンズのとりつけは、
筒《つつ》の中側でも外側でもOK！

⑤牛乳《ぎゅうにゅう》パックを筒《つつ》にする

次に牛乳《ぎゅうにゅう》パックの上と下の部分を切って、四角い筒《つつ》の形にします。

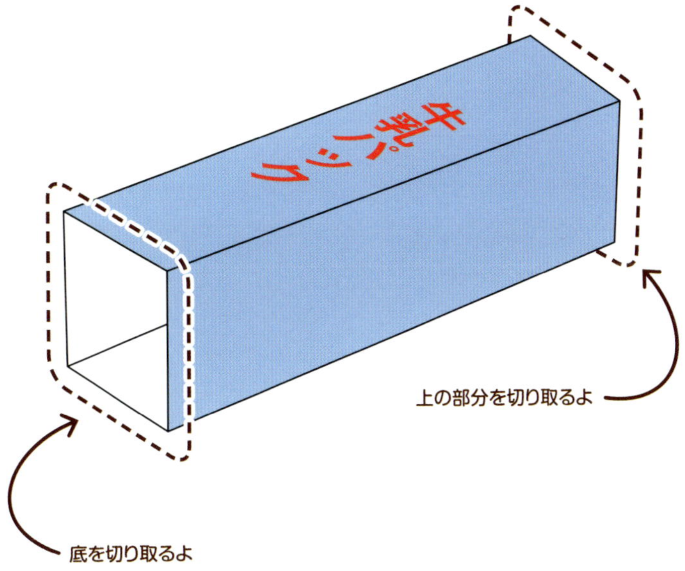
牛乳パック
上の部分を切り取るよ
底を切り取るよ

⑥牛乳《ぎゅうにゅう》パックの中に黒い紙をはる

黒の画用紙を幅《はば》を 7 センチより少し小さめの筒《つつ》の形にして、牛乳《ぎゅうにゅう》パックの中に入れます。この画用紙は、外箱よりも薄《うす》い紙を使います。うまくいかないときは、牛乳《ぎゅうにゅう》パックを縦《たて》に切って開き、黒い紙を重ねて、また組み立ててもかまいません。

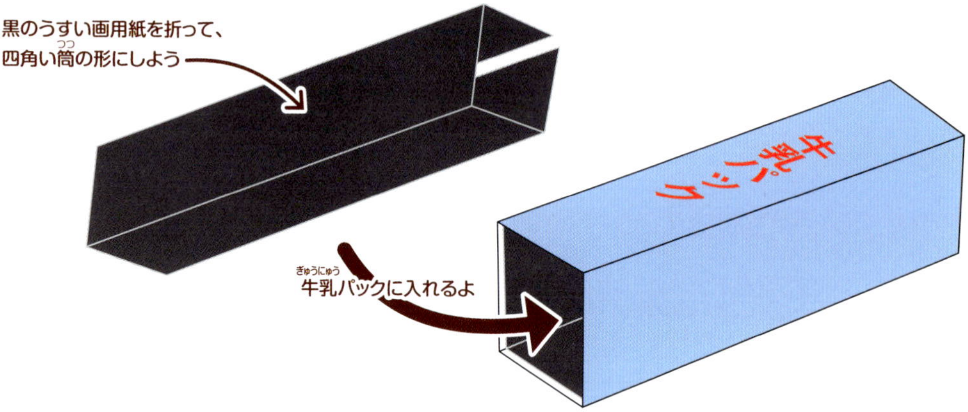
黒のうすい画用紙を折って、
四角い筒《つつ》の形にしよう
牛乳パック
牛乳《ぎゅうにゅう》パックに入れるよ

⑦牛乳《ぎゅうにゅう》パックにトレーシングペーパーをはる

トレーシングペーパーやコンビニなどでもらうレジ袋《ふくろ》を、8㎝くらいの正方形に切りとります。トレーシングペーパーとは、半透明の紙で 100 円ショップに売っています。切り取ったトレーシングペーパーを、牛乳《ぎゅうにゅう》パックの端《はし》のひとつに、セロテープなどを使って、はりつけます。

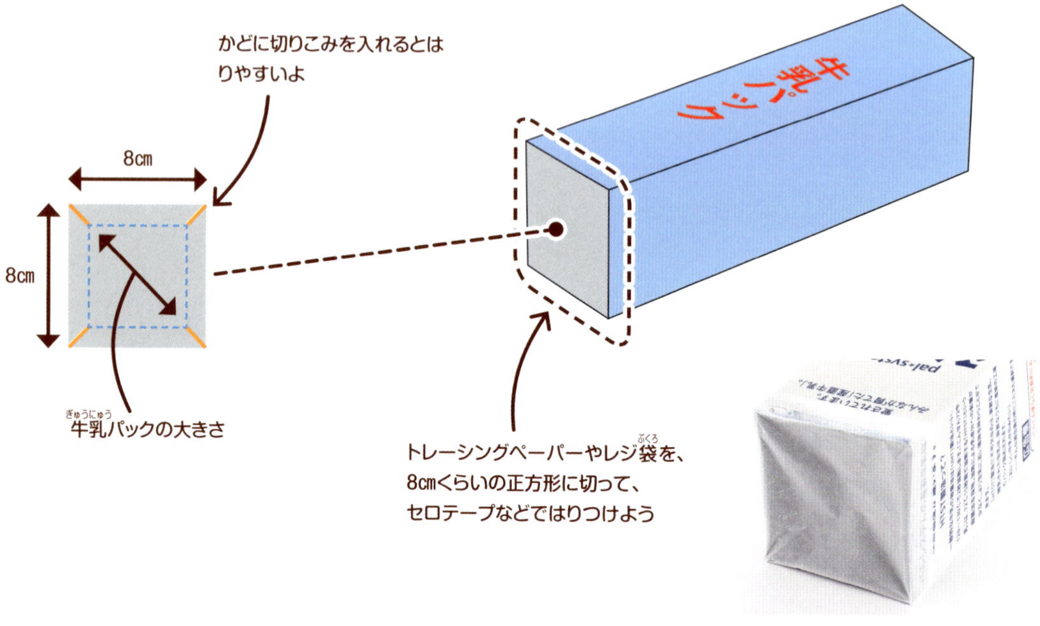
かどに切りこみを入れるとは
りやすいよ
8㎝
8㎝
牛乳《ぎゅうにゅう》パックの大きさ
牛乳パック
トレーシングペーパーやレジ袋《ふくろ》を、
8㎝くらいの正方形に切って、
セロテープなどではりつけよう

⑧牛乳《ぎゅうにゅう》パックに外箱を重ねて完成!

完成したら、牛乳《ぎゅうにゅう》パックをのぞいてみましょう。トレーシングペーパーのところに、画像が写《うつ》るはずです。

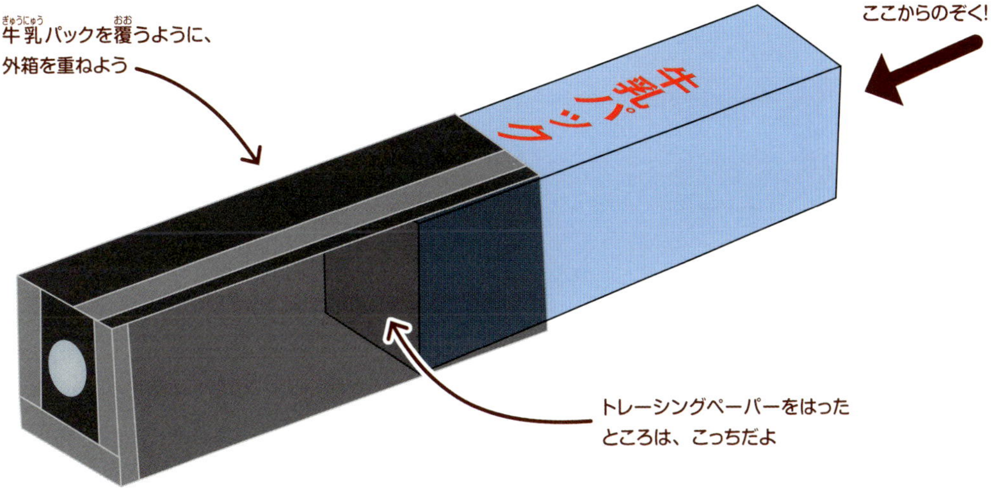
牛乳《ぎゅうにゅう》パックを覆《おお》うように、
外箱を重ねよう
ここからのぞく!
牛乳パック
トレーシングペーパーをはった
ところは、こっちだよ

「見える、見える！」

「ほんとだ、さかさに見えるね」

外箱を動かすことで、像の大きさが変わったり、ぼやけたりします。きれいに見えるように調整してみましょう。

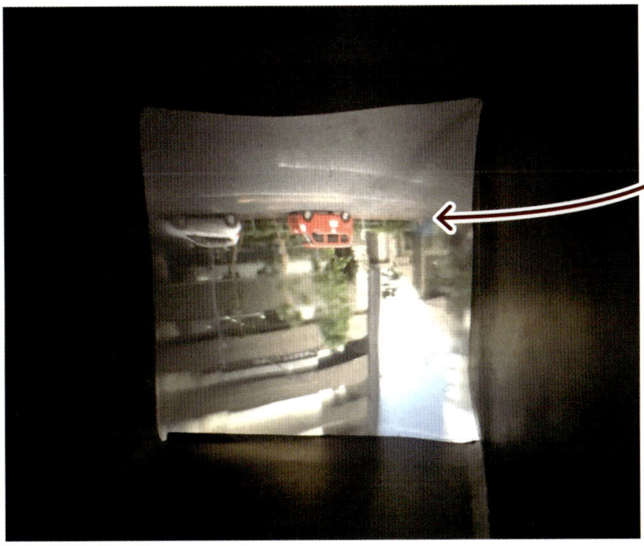
景色が、さかさまに写《うつ》っている!

撮影《さつえい》してみよう

「もうひとつ外箱を作ってみよう」

「また作るの？」

「こんどは、レンズをつけないで…」

牛乳《ぎゅうにゅう》パックカメラの画像を撮影《さつえい》することもできます。さっきと同じように外箱をつくります。

外箱（カメラとりつけ用）

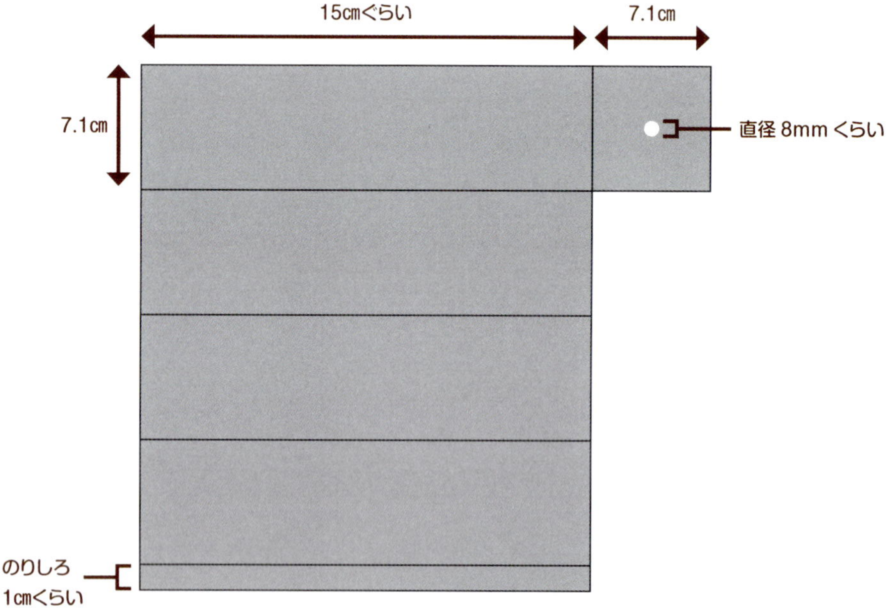

ただし、今度はレンズをはり付けるのではなく、カメラモジュールをとりつけます。カメラが筒《つつ》の中側を向くようにとりつけましょう。セロテープやビニールテープを使って、止めておきます。

カメラモジュールのとりつけ

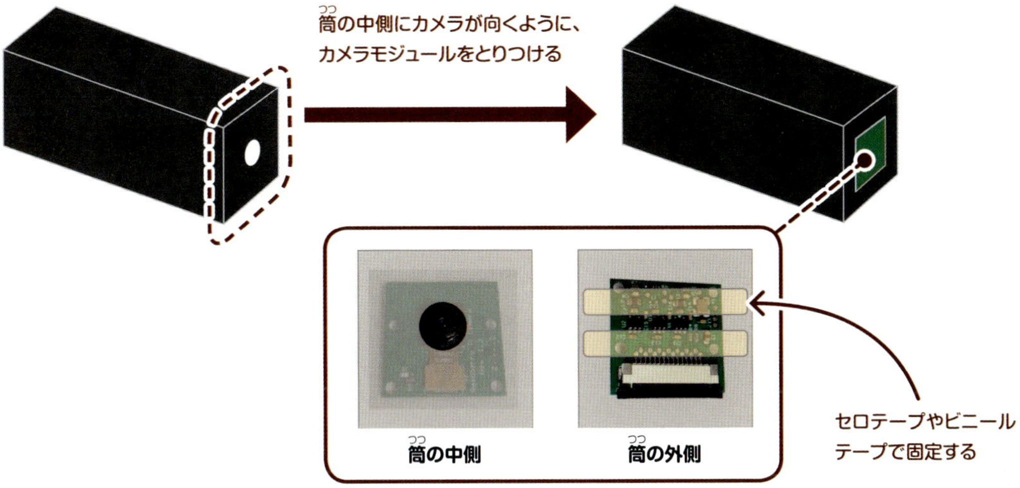

筒《つつ》の中側にカメラが向くように、
カメラモジュールをとりつける
筒《つつ》の中側
筒《つつ》の外側
セロテープやビニール
テープで固定する

牛乳《ぎゅうにゅう》パックカメラに、はめこみます。牛乳《ぎゅうにゅう》パックを、2 つの外箱ではさむような形にします。

牛乳《ぎゅうにゅう》パックカメラ（カメラモジュールのとりつけ）

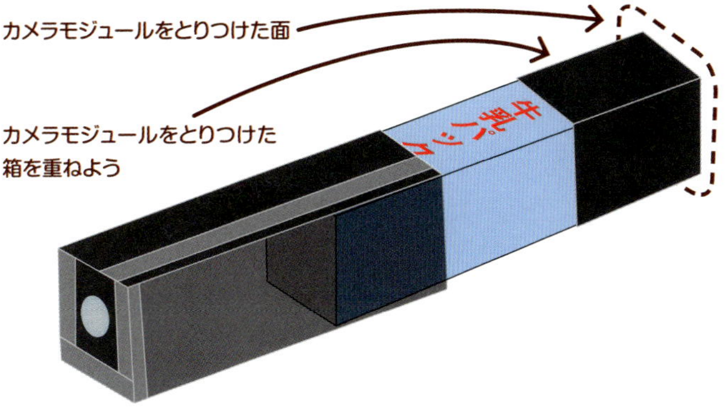

カメラモジュールをとりつけた面
カメラモジュールをとりつけた
箱を重ねよう
牛乳パック

実際の写真

撮影《さつえい》する

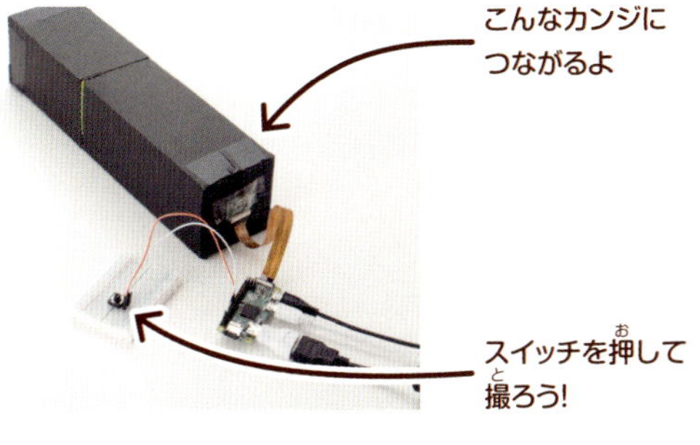

こんなカンジに
つながるよ
スイッチを押《お》して
撮《と》ろう!

（省略：イチゴとブドウとロボットのキャラクター）

🍓「こんなので撮影できるのね」

🍇「まあ、くっきりとは映らないけど、明るい場所なら味のある写真が撮れるぞ」

🤖「もっと大きなレンズにしたら、きれいにうつるかな」

　レンズの大きさを変えたり、トレーシングペーパーの変わりにレンズにするなど、いろいろと工夫して試してみよう。

スプライトをかきだす

　撮影した画像は、Scratch の「スプライト」として取りこまれます。スプライトは保存することができて、別のスクリプトに利用することができます。

　スプライトを保存するには、［ファイル］メニューから、［スプライトをかきだす］を選択します。

📖 スプライトをかきだす

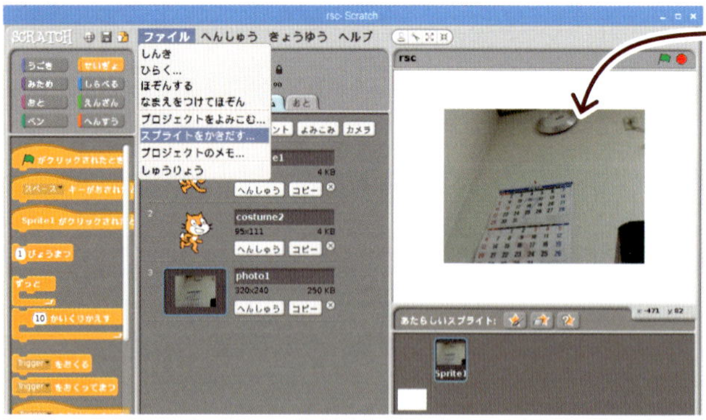

表示しているスプライトを
かきだす

　すると、スクリプトの保存と同じように、なまえをつける画面が表示されます。スプライトは、好きな名前をつけて保存することができます。

　保存したスプライトを読みこむには、あたらしいスプライトのアイコンをクリックします。

📖 あたらしいスプライトをファイルからえらぶ

あたらしいスプライトをファイルからえらぶ

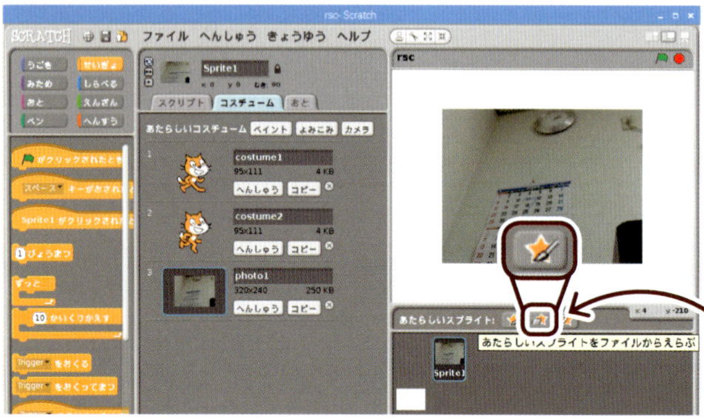

スプライトを読みこむときに
クリック

第5章

ウソを見《み》破《やぶ》れる!? ウソ発見器《はっけんき》の実験《じっけん》をしてみよう

最後だし、こんどは少し難《むずか》しい実験《じっけん》でいいかな？

難《むずか》しいのは、なんかいやだな。カンタンなものはないの？

わたしは、難《むずか》しいのでいいよ

そんなこと言って大丈夫《だいじょうぶ》？　知らないよ。ウソを見つける実《じっ》験《けん》だけど

え…!?

ウソ発見器《はっけんき》の実験《じっけん》をしてみよう

最後の章《しょう》では、ラズベリーパイでウソ発見器《はっけんき》の実験《じっけん》してみましょう。

まずは、ウソ発見器《はっけんき》の原理を勉強しましょう。それから、アルミ皿を利用した電極《でんきょく》の工作と電子部品《ぶひん》の配線《はいせん》です。最初はLED《エルイーディ》を使って、動作を確認《かくにん》します。そのあと、ラズベリーパイのGPIO《ジーピーアイオー》を使った、ウソ発見器《はっけんき》を組み立てます。

実験《じっけん》の大まかな流れは、次のようになります。

1. **LM《エルエム》339、半固定抵抗《はんこていていこう》などの用意**
2. **アルミ皿の工作**
3. **配線《はいせん》(LED《エルイーディ》)**
4. **LED《エルイーディ》での確認《かくにん》**
5. **配線《はいせん》(GPIO《ジーピーアイオー》)**
6. **Scratch《スクラッチ》の作成** GOAL

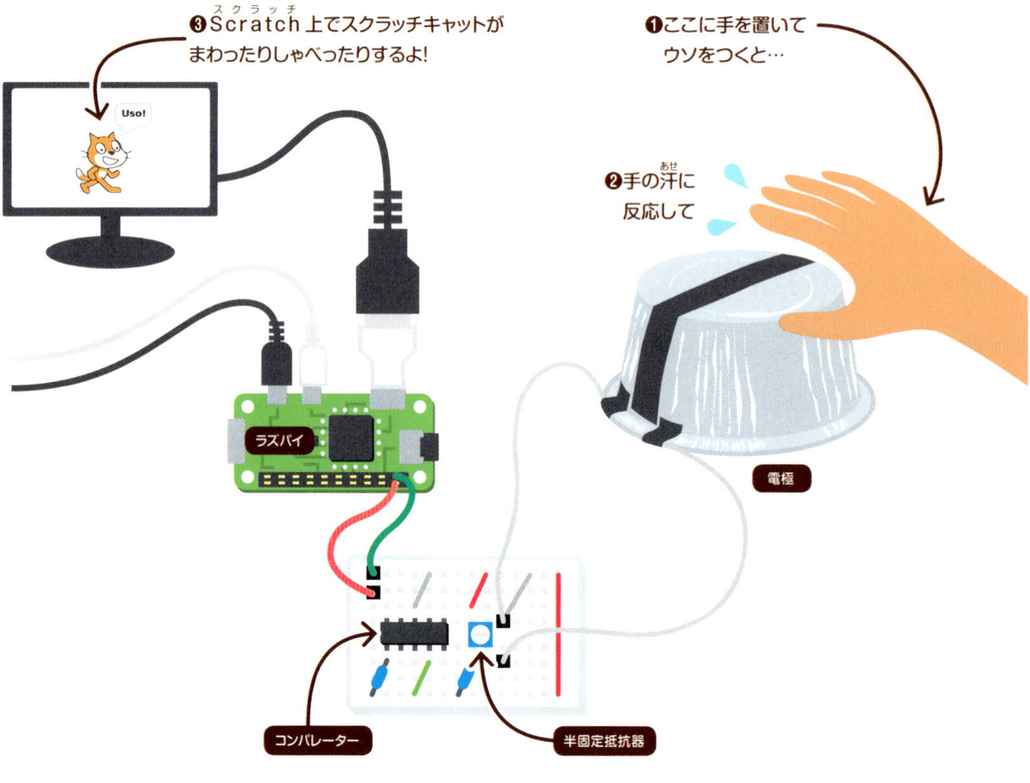
❸Scratch《スクラッチ》上でスクラッチキャットがまわったりしゃべったりするよ!
Uso!
❶ここに手を置いてウソをつくと…
❷手の汗《あせ》に反応して
ラズパイ
電極
コンパレーター
半固定抵抗器

実験《じっけん》のめあて

この章《しょう》の実験《じっけん》では、次の 3 つがめあてになります。

❶ウソ発見器《はっけんき》の原理《げんり》を知る

❷ウソ発見器《はっけんき》の回路を組み立てる

❸ウソ発見器《はっけんき》のスクリプトを作る

用意《ようい》するもの

項目	必要《ひつよう》な数
ブレッドボード	1
ジャンパ線	数本
抵抗《ていこう》	680KΩ 1本、 200～330Ω 1本
LED《エルイーディ》	1個
LM《エルエム》339	1
半固定抵抗《はんこていていこう》	1MΩ 1個
アルミニウムの皿など	2

LM《エルエム》339
これで、電圧《でんあつ》が
比較《ひかく》できる!

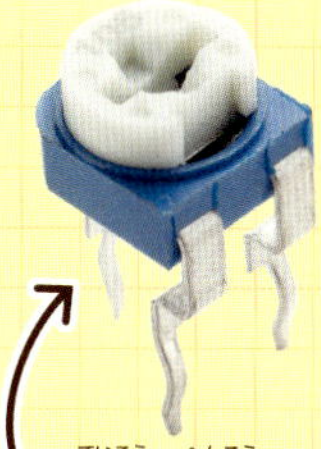
半固定抵抗《はんこていていこう》
1MΩ
抵抗《ていこう》が変更《へんこう》できる
便利なもの

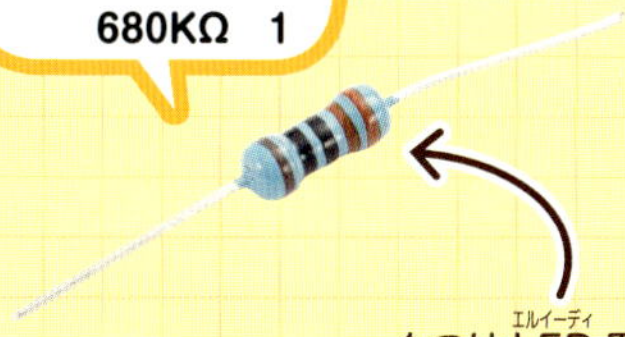
抵抗《ていこう》
200～330Ω 1
680KΩ 1
1 つは LED《エルイーディ》 用!

LED《エルイーディ》
おなじみの LED《エルイーディ》

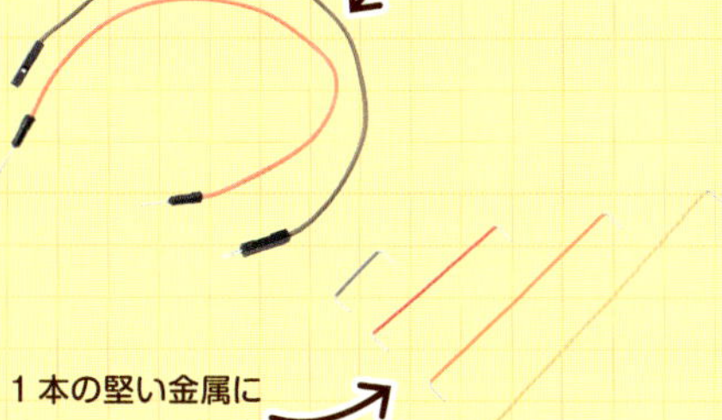
ジャンパワイヤ、ジャンパピン
柔《やわ》らかいコードに
なっているタイプ
1 本の堅い金属に
なっているタイプ

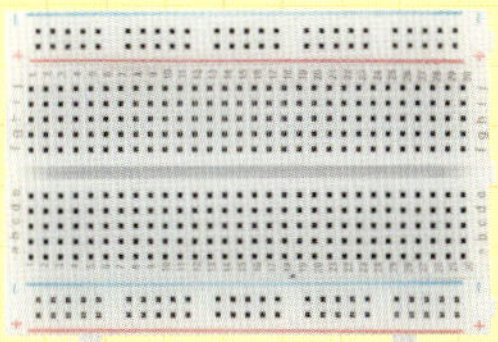
ブレッドボード

アルミニウムの皿 (電極《でんきょく》)
手に電気を流すために
金属の皿を使う!

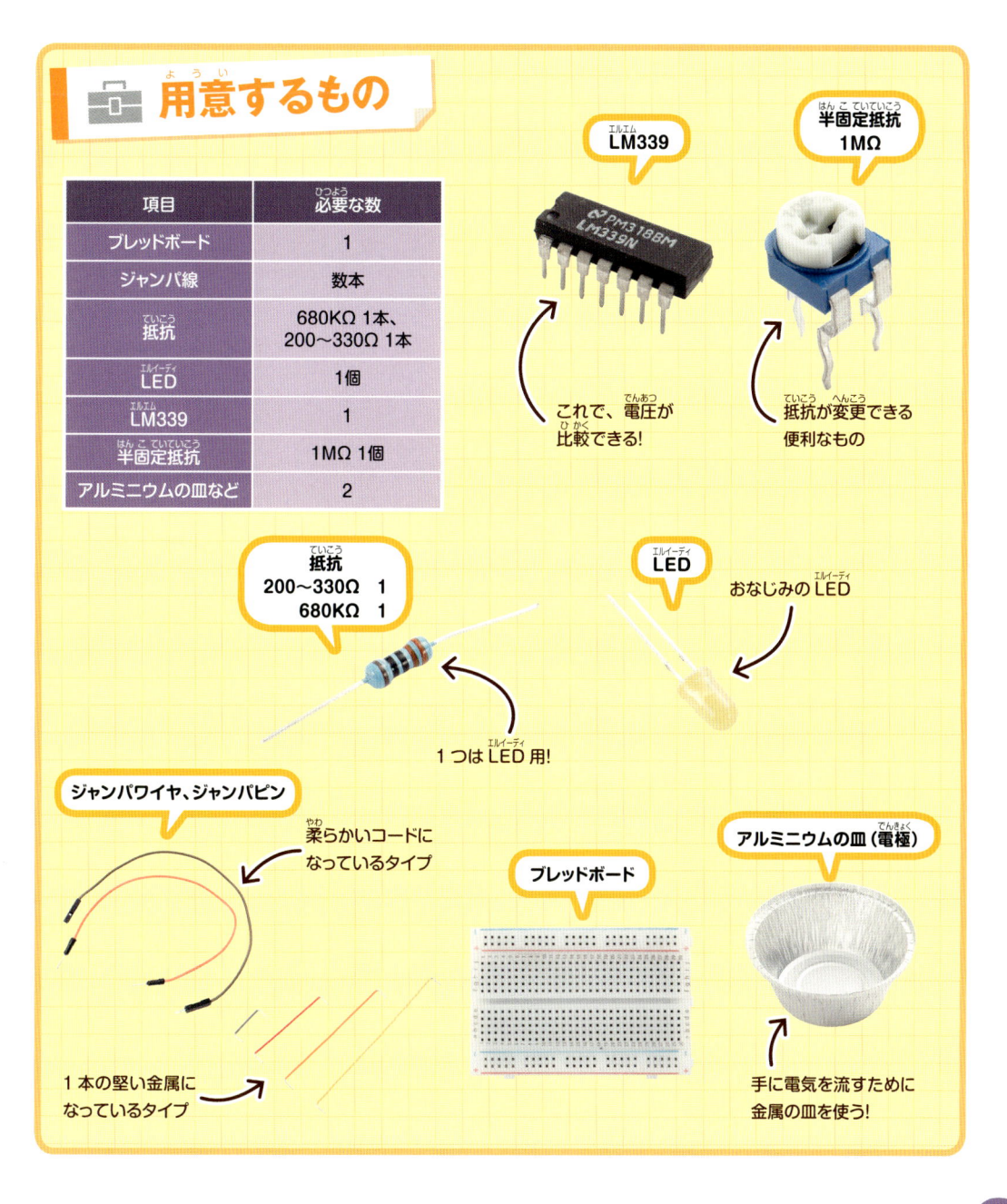

ウソ発見器《はっけんき》の原理《げんり》を知ろう

「このあいだ買ってきたチョコって、ドコにいったかな？」

「え？　バレンタインで渡すの？」

「ちがうよ。自分で食べるぶん」

「さあ。見たことないな」

「ホントに？　ちょっと、あやしいなぁ」

「だったら、ウソ発見器《はっけんき》で調べてみようか」

「ウソ発見器《はっけんき》？」

ウソ発見器《はっけんき》とは、ある人がウソをついているかどうかを見分けるための装置《そうち》です。昔は、警察《けいさつ》の取り調べにもウソ発見器《はっけんき》が使われることがありました。テレビで見たことがあるかな?

人は、ウソをついたり緊張したりすると、心臓《しんぞう》の脈拍《みゃくはく》が早くなったり、手に汗《あせ》をかいたりすると言われています。なので、そのような体の変化をとらえると、ウソをついているかどうかがわかるのです。

ラズベリーパイだけでは、血圧や脈拍《みゃくはく》をはかるのは難《むずか》しいので、今回のウソ発見器《はっけんき》では、手に汗《あせ》をかいているかどうかを判定《はんてい》します。

手に汗《あせ》をかいているかどうかは、手のひらの抵抗《ていこう》をはかれば判定《はんてい》できます。人間の体は、電気がとおります（だから、雷《かみなり》で感電するのですね!）。流れるといっても、電線のようにいっぱい電気が流れるわけではありません。この本の 3 章《しょう》で出てきた、抵抗《ていこう》という部品《ぶひん》と同じように、人は、ある程度、電気が流れにくい物体です。

ただし汗《あせ》は、よく電気がとおるものなので、手の抵抗《ていこう》をはかれば、汗《あせ》をかいているかどうかを知ることができます。

つまり手のひらの抵抗《ていこう》をはかれば、汗《あせ》をかいているどうかがわかり、ウソをついているかどうがわかる、ということです。

大人のかたへ　ウソ発見器《はっけんき》

ウソ発見器《はっけんき》は、人間の生理現象の変化でウソを判定《はんてい》する装置《そうち》です。アメリカでは、犯罪捜査の取り調べなどにも多く使われてきましたが、現在では、信憑性が疑問視されています。もちろん、この実験《じっけん》で作成するウソ発見器《はっけんき》も、正確なものではありません。ジョークグッズやパーティーグッズとして楽しむようお願いします。

手のひらの抵抗《ていこう》を測定《そくてい》するには

「ウソをついたことって、あるよね？」

「ウソなんかついたことないよ」

「それがウソなんじゃないの！」

「そ、そんなことないよ」

「なんか、ちょっと冷や汗《あせ》が流れてない？」

では次に、ラズベリーパイでの抵抗《ていこう》のはかり方です。抵抗《ていこう》をはかるといっても、抵《てい》抗《こう》を直接はかるのは難《むずか》しいので、その代わりに、抵抗《ていこう》に流れる電気（電圧《でんあつ》や電流《でんりゅう》）をはかることで、抵抗《ていこう》をはかります。電圧《でんあつ》や電流《でんりゅう》がわかれば、計算して抵抗《ていこう》がわかるのです。

ただラズベリーパイの GPIO《ジーピーアイオー》 は、ある大きさの電気が流れたか、流れなかったか、の 2 つしかわかりません。そのため、この本では、**コンパレーター**という電子部品《ぶひん》を使います。

この部品《ぶひん》を使えば、抵抗《ていこう》をはかることができます。

コンパレーターの動作

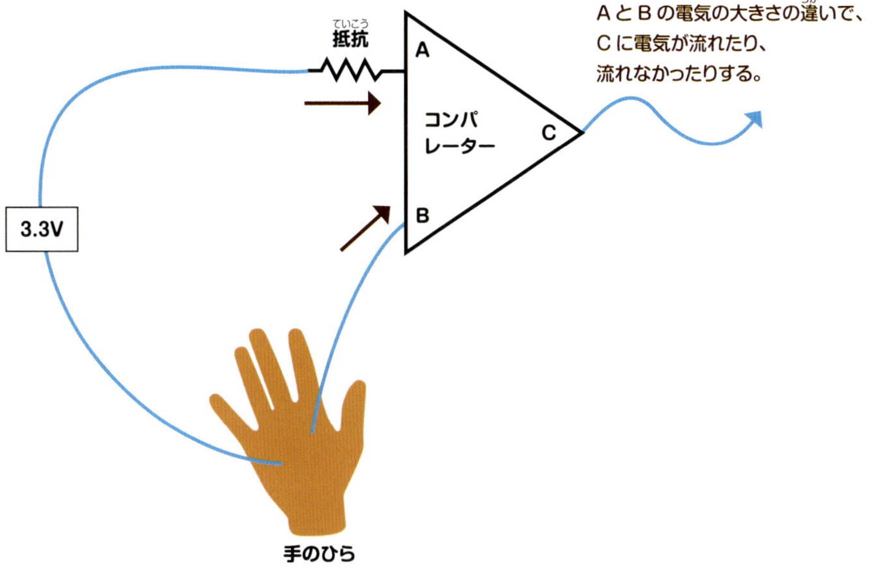
抵抗《ていこう》
A
コンパ
レーター
C
B
A と B の電気の大きさの違《ちが》いで、
C に電気が流れたり、
流れなかったりする。
3.3V
手のひら

「コンパレーター」で比較《ひかく》する

「ウソ発見器《はっけんき》には、このIC《アイシー》を使うんだ」

「アイス？」

「アイスじゃなくて、アイシーだよ」

「IC《アイシー》っていうのは、いろんな電子回路をぎゅっと小さく詰《つ》めこんだ部品《ぶひん》のこと」

「こんなに小さいのに、回路がよく入るね」

この本では、コンパレーターとして、LM《エルエム》339という型番のIC《アイシー》を使います。IC《アイシー》とは、日本語では集積回路《しゅうせきかいろ》といいます。電子部品《ぶひん》や回路をとても小さくして、ひとつの部《ぶ》品《ひん》にまとめたものです。LM《エルエム》339は、その中に、4つのスイッチが入っているコンパレーターです。

LM《エルエム》339

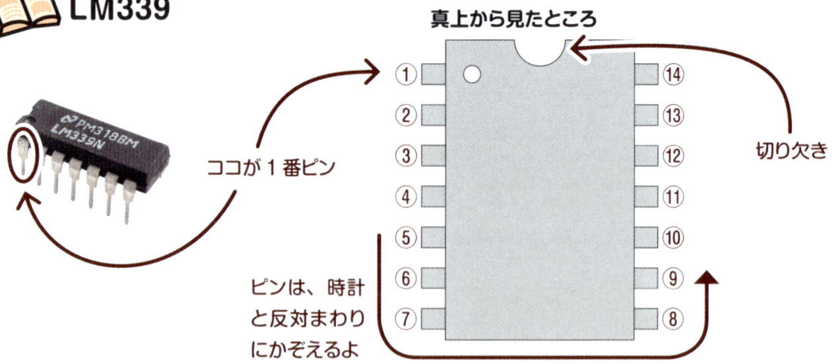

真上から見たところ
DM318BM
LM339N
ココが1番ピン
切り欠き
ピンは、時計と反対まわりにかぞえるよ
①
②
③
④
⑤
⑥
⑦
⑧
⑨
⑩
⑪
⑫
⑬
⑭

「で、このIC《アイシー》にはね、コンパレーターが入ってる」

「強そうな名前だけど、何者？」

「日本語なら、比較器《ひかくき》っていうんだけど、こいつを使うと、2つの電気のうち、どっちが大きいかがわかる」

「電気を比《くら》べるんだね」

「比べて何がわかるの??」

「電気、電圧《でんあつ》がわかるということは、それにつながっている抵抗《ていこう》もわかるんだ」

「ふ～ん」

「オームの法則《ほうそく》っていってね、まあ中学で習うよ」

コンパレーターを使えば、ふたつの電圧《でんあつ》の比較《ひかく》ができます。ウソ発見器《はっけんき》では、手のひらをつないだ回路の電圧《でんあつ》と、抵抗《ていこう》がつながっている回路の電圧《でんあつ》を比較《ひかく》します。抵抗《ていこう》がつながっている回路の電圧《でんあつ》は、ずっと同じですが、手のひらをつないだ回路の電圧《でんあつ》は、手のひらの抵抗《ていこう》が変わると電圧《でんあつ》が変わります。

抵抗《ていこう》がつながっている回路に、乾《かわ》いた手のひらと同じくらいの抵抗《ていこう》を使っておけば、手のひらの抵抗《ていこう》が変わったことがわかります。

大人のかたへ　コンパレーターの出力

LM《エルエム》339 のコンパレーター回路は、入力された 2 つの電圧《でんあつ》（V+、V–）を比較《ひかく》して、V–のほうが大きい場合に、出力端子《たんし》（Vout）がグランドに接続《せつぞく》されて電流《でんりゅう》が流れます。V–が大きくない場合、出力端子《たんし》はどこにも接続《せつぞく》されません（このように内部で電源《でんげん》に接続《せつぞく》されず、出力時にグランドに接続《せつぞく》される出力をオープンコレクタ出力といいます）。

タクトスイッチ

コンパレーター回路

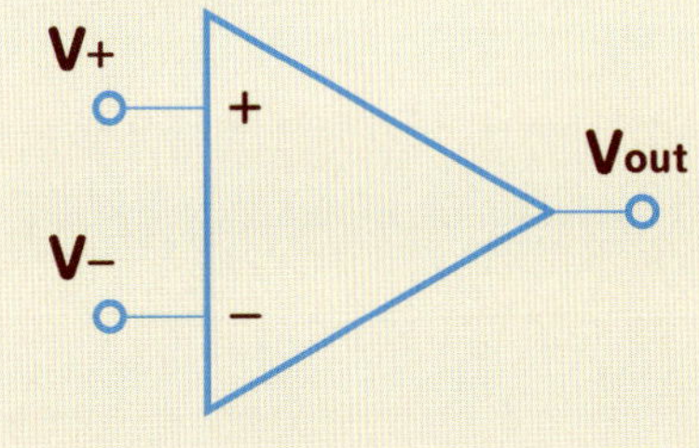

LM《エルエム》339の内部回路

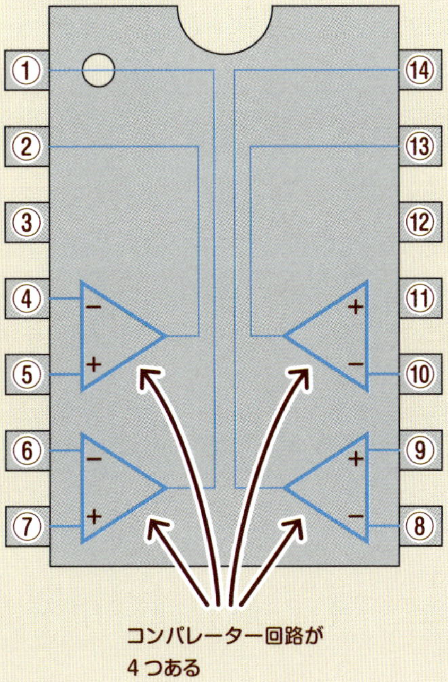

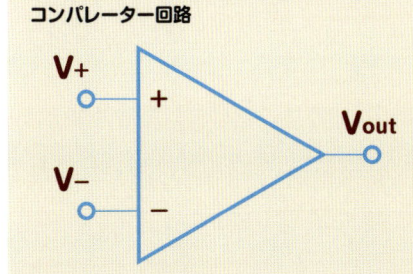

「半固定抵抗《はんこていていこう》」は便利な抵抗《ていこう》

「半固定抵抗《はんこていていこう》って、わかるかな？」

「早口言葉？」

「抵抗《ていこう》っていう部品《ぶひん》のひとつだけど、抵抗《ていこう》の大きさが変えられるんだ」

「いくらでも？」

「いくらでもっていうわけには行かなくて、最大の大きさは決まってる。けど、0からその範囲《はんい》までは、自由に変えられる」

「よくわからないけど、便利そうだね…」

ここまで使ってきた抵抗《ていこう》という部品《ぶひん》は、決まった値《あたい》がありました。値《あたい》を変えたいときは、抵抗《ていこう》そのものを取り替《か》えることになるので、値《あたい》をいろいろと変えたい場合には、ちょっと不便です。そこで、**半固定抵抗《はんこていていこう》**という部品《ぶひん》を使います。半固定抵抗《はんこていていこう》は抵抗《ていこう》の値《あたい》を変えられる部品《ぶひん》です。部品《ぶひん》の真ん中には−や+の溝《みぞ》があって、ドライバーなどでまわすことができます。まわすことによって、抵抗《ていこう》が変化します。

半固定抵抗《はんこていていこう》は、次のように3つの足があります。まわす向きとまわす角度の大きさによって①−②端子《たんし》、②−③端子《たんし》の間の抵抗《ていこう》が変わります。右に回すほど、①−②端子《たんし》の抵抗《ていこう》が大きく、②−③端子《たんし》の抵抗《ていこう》が小さくなっていきます。左にまわすと、その反対になります。

①−③端子《たんし》の値《あたい》は一定で、半固定抵抗《はんこていていこう》ごとに決まっています。ウソ発見器《はっけんき》の実験《じっけん》では、1M（メガ）Ωという値《あたい》の半固定抵抗《はんこていていこう》を使います。メガとは、100万（1,000,000）という意味なので、1MΩは、100万Ωとなります。数字が大きいほど、電気がとおりにくくなります。

半固定抵抗器《はんこていていこうき》

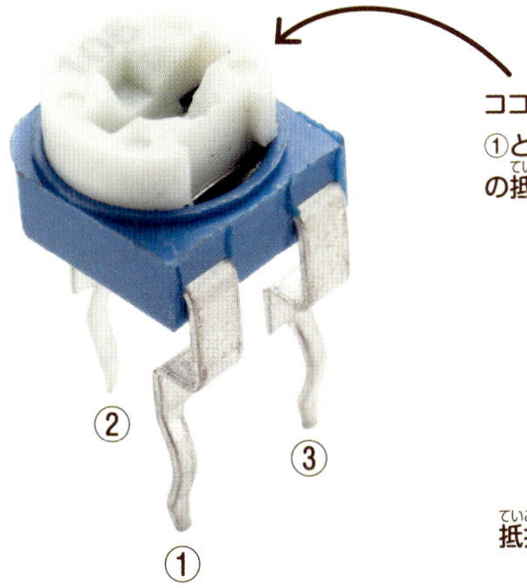

ココをまわすと
①と②、②と③のあいだ
の抵抗《ていこう》が変わる
②
③
①

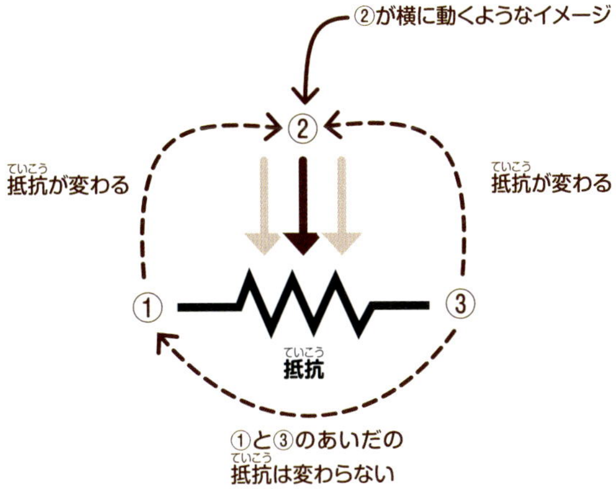

②が横に動くようなイメージ
②
抵抗《ていこう》が変わる
抵抗《ていこう》が変わる
①
③
抵抗《ていこう》
①と③のあいだの
抵抗《ていこう》は変わらない

ウソ発見器《はっけんき》では、乾《かわ》いた手と同じくらいの抵抗《ていこう》を使った回路が必要《ひつよう》です。乾《かわ》いた手と同じくらいの抵抗《ていこう》といっても、誰《だれ》でも同じというわけではありません。そのため、いろいろな抵抗《ていこう》で調整が必要《ひつよう》になってきます。いろいろな抵抗《ていこう》を使うかわりに、ウソ発見器《はっけんき》では半固定抵抗《はんこていていこう》を使います。

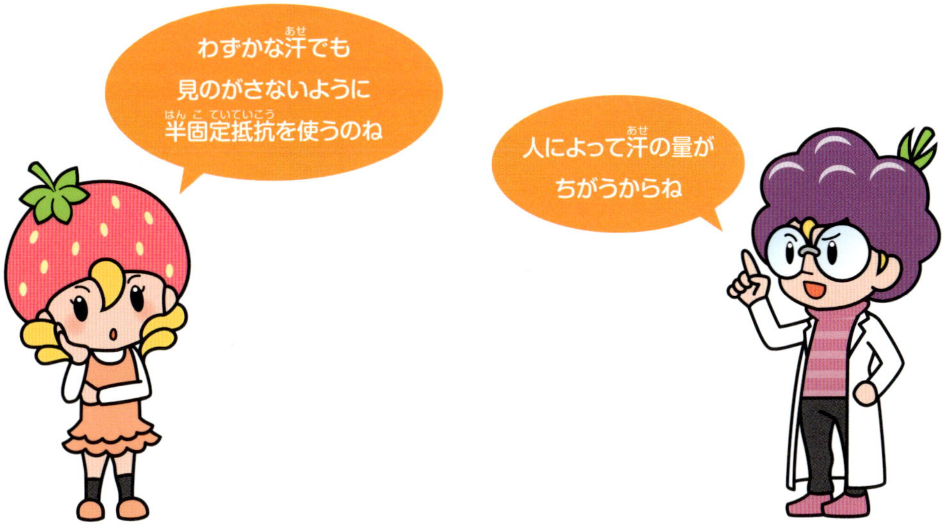

わずかな汗《あせ》でも
見のがさないように
半固定抵抗《はんこていていこう》を使うのね
人によって汗《あせ》の量が
ちがうからね

アルミの皿で抵抗《ていこう》をつくろう

「このあいだバーベキューに行ったけど、お皿、あまってたかな？」

「アルミのお皿なら、いっぱいあまったよ」

「じゃあ、それを使おうか。持ってきて」

「またワタシ？　さっきも行ったよ！」

「じゃあ、ボクがとってこようか」

この本で作るウソ発見器《はっけんき》は、手のひらの抵抗《ていこう》をはかって、ウソを判定《はんてい》する装置《そうち》です。手のひらの抵抗《ていこう》をはかるには、人体に電気を流す必要《ひつよう》があります（電気といっても、とても少ししか流れないので、感電はしません）。

手のひらに電気を流すために、次のような電極《でんきょく》を作成します。ここでは、100 円ショップで売っているバーベキュー用のお皿を利用しました。この皿は、アルミニウムという電気が流れる金属でできています。

まずこの皿を、はさみで半分に切ります。そして、その 2 つを、ビニールテープなどの電気をとおさないテープでつなぎます。2 つがくっつかないようにしましょう。これを、うらがえして、電極《でんきょく》として使います。

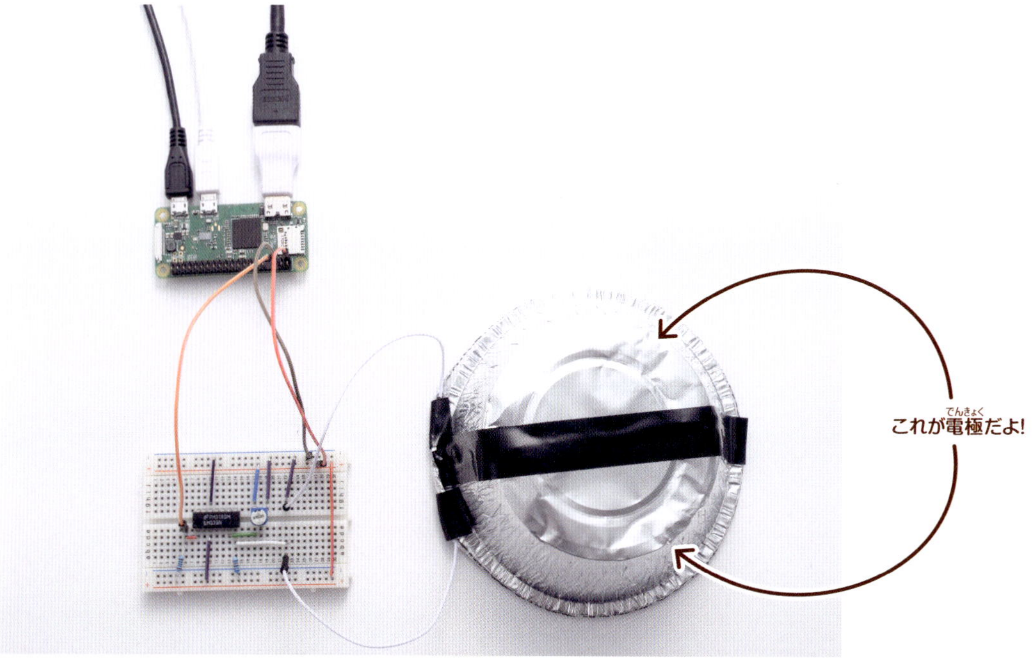
これが電極《でんきょく》だよ!

アルミ皿の工作

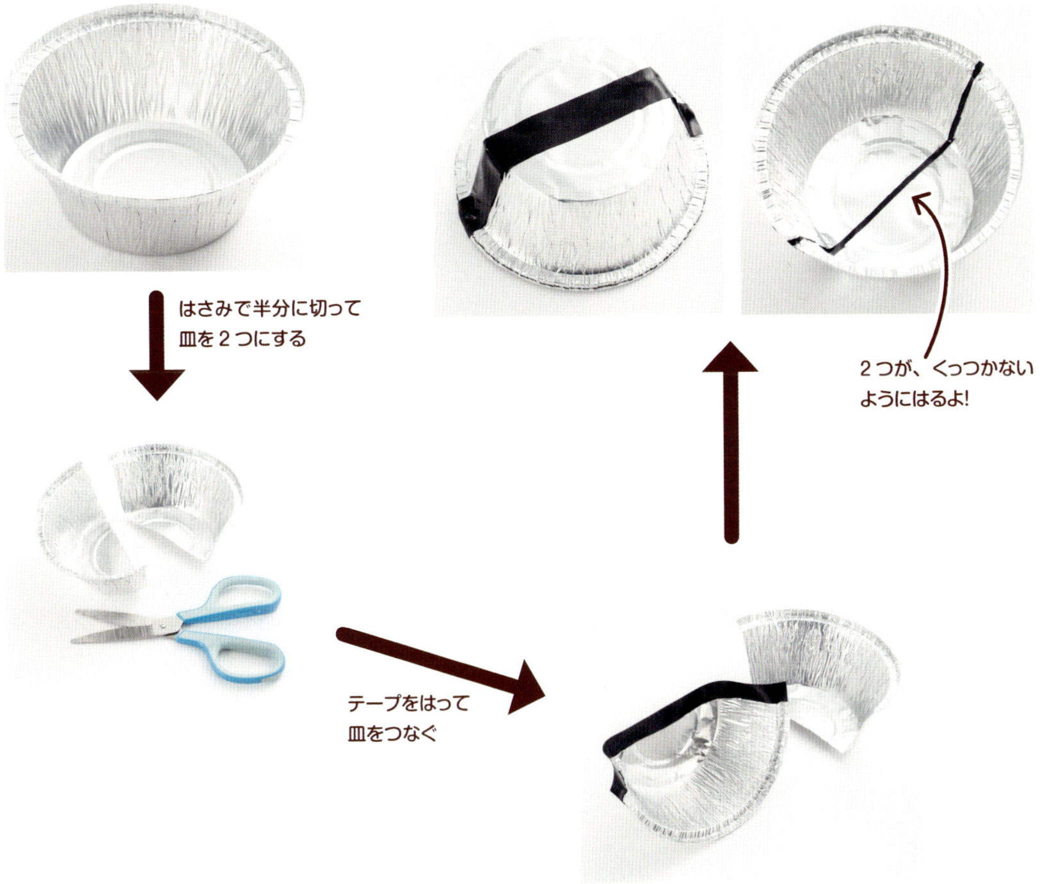
はさみで半分に切って
皿を２つにする
テープをはって
皿をつなぐ
２つが、くっつかない
ようにはるよ!

この本ではお皿を使いましたが、電気が流れて、手でつかめるような形であれば他のものでも大丈《だいじょう》夫《ぶ》です。たとえば、料理用の新品のアルミホイル２本を、そのまま電極《でんきょく》に使ってもよいでしょう。

「じゃあ、皿を２つに切って」

「えっ、切るの？」

「ちょうど半分になるようにね。アルミで手を切らないように注意して」

「これぐらいカンタンだよ」

「切れたら、２つをテープでつなぐ」

「切ったのに、つなぐの？」

「つなぐといっても、２つがくっつかないようにね。これが電極《でんきょく》になるから」

ブレッドボードでIC《アイシー》と抵抗《ていこう》(半固定抵抗《はんこていていこう》)を配線《はいせん》しよう

それでは、回路を配線《はいせん》していきましょう。

LED《エルイーディ》で動作を確認《かくにん》しよう

まずは、ラズベリーパイの電源《でんげん》だけを使って、動作を確認《かくにん》します。全体の配線《はいせん》は、次のようになります。

配線《はいせん》(LED《エルイーディ》)の完成図

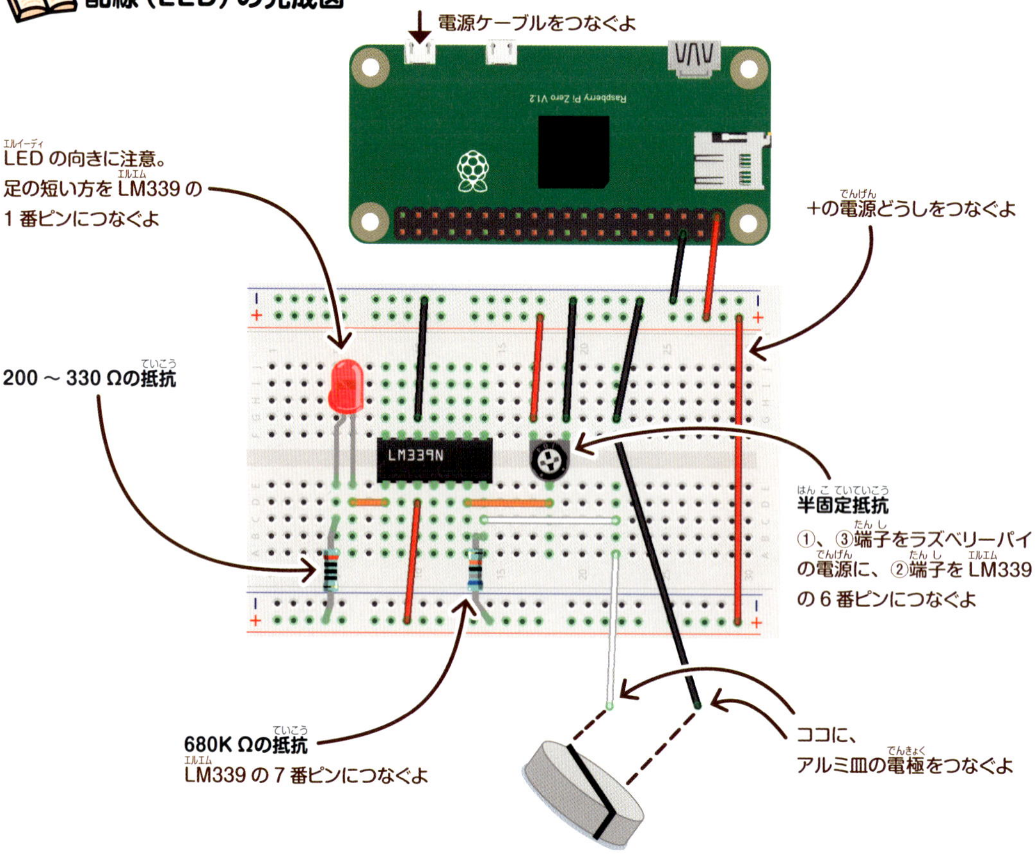
電源ケーブルをつなぐよ
LED《エルイーディ》の向きに注意。
足の短い方をLM339《エルエム》の
1番ピンにつなぐよ
+の電源《でんげん》どうしをつなぐよ
200～330Ωの抵抗《ていこう》
LM339N
半固定抵抗《はんこていていこう》
①、③端子《たんし》をラズベリーパイの電源《でんげん》に、②端子《たんし》をLM339《エルエム》の6番ピンにつなぐよ
680KΩの抵抗《ていこう》
LM339《エルエム》の7番ピンにつなぐよ
ココに、
アルミ皿の電極《でんきょく》をつなぐよ

これまでと違《ちが》って、つなぐところが多くなっています。間違《まちが》えないようにしましょう。

部品《ぶひん》と部品《ぶひん》のあいだは、ジャンパワイヤで接続《せつぞく》します。

回路は、大きく3つの部分にわかれていますので、回路ごとに順番につないでいきましょう。

配線《はいせん》(LED《エルイーディ》)の手順

1. LM《エルエム》339、半固定抵抗《はんこていていこう》を配置《はいち》
2. LM《エルエム》339の電源用《でんげんよう》のコードをつなぐ
3. LED《エルイーディ》の回路をつなぐ
4. 半固定抵抗《はんこていていこう》の回路をつなぐ
5. アルミ皿の電極《でんきょく》につながる回路をつくる
6. ラズベリーパイの電源《でんげん》とつなげる
7. アルミ皿の電極《でんきょく》につなげるコードをつける GOAL

「じゃあ、ブレッドボードで組み立てようか」

「まかせといて」

「IC《アイシー》は、どこでもいいの？」

「IC《アイシー》は、足がつながったらダメなので、ブレッドボードの真ん中に置くこと」

「ブレッドボードは、真ん中で分かれてるのね」

①LM《エルエム》339、半固定抵抗《はんこていていこう》を配置《はいち》

最初は、ブレッドボードの上の配線《はいせん》です。最初にブレッドボードの真ん中に、LM《エルエム》339と、半固定抵抗《はんこていていこう》を配置《はいち》します。ブレッドボードは、真ん中で配線《はいせん》が途切れています。その途切れた2つの部分にまたがるように、LM《エルエム》339と半固定抵抗《はんこていていこう》を差しこみます。

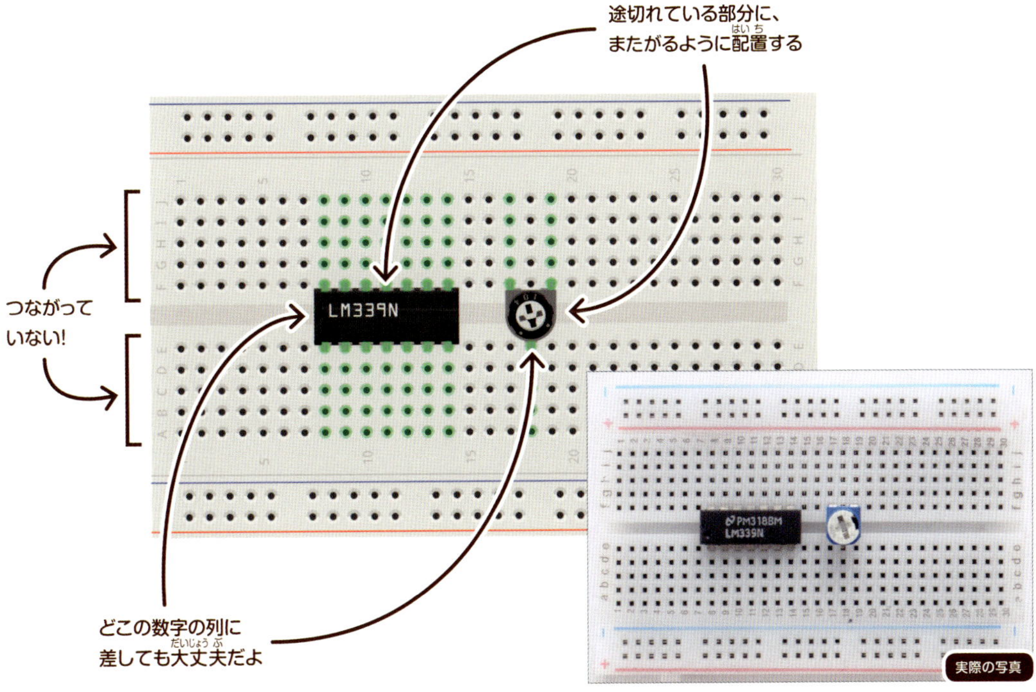

途切れている部分に、
またがるように配置《はいち》する
LM339N
つながって
いない!
どこの数字の列に
差しても大丈夫《だいじょうぶ》だよ
PM318BM
LM339N
実際の写真

②LM339《エルエム》の電源用《でんげんよう》のコードをつなぐ

●部品《ぶひん》、ジャンパピンの配線《はいせん》

つなげるもの	つなげるところ①	つなげるところ②
ジャンパピン	LM339《エルエム》の3番の列の穴《あな》	ブレッドボードの外側のプラスの穴《あな》
ジャンパピン	LM339《エルエム》の12番の列の穴《あな》	ブレッドボードの外側のマイナスの穴《あな》

くだものを
見ながらつなげると
わかりやすいぞ

LM339《エルエム》自体にも電源《でんげん》が必要《ひつよう》なので、3番ピンと電源《でんげん》のプラス、12番ピンとマイナスをつなぎます。P.114でも説明したとおり、LM339《エルエム》などのIC《アイシー》には、1番ピンの近くに切り欠きと、1番ピンを示す丸い目印がはいっています。ピンの番号は、この目印の1番から、時計と反対のまわりに数えます（ラズベリーパイのピンの数え方とはちょっと違《ちが》いますね）。

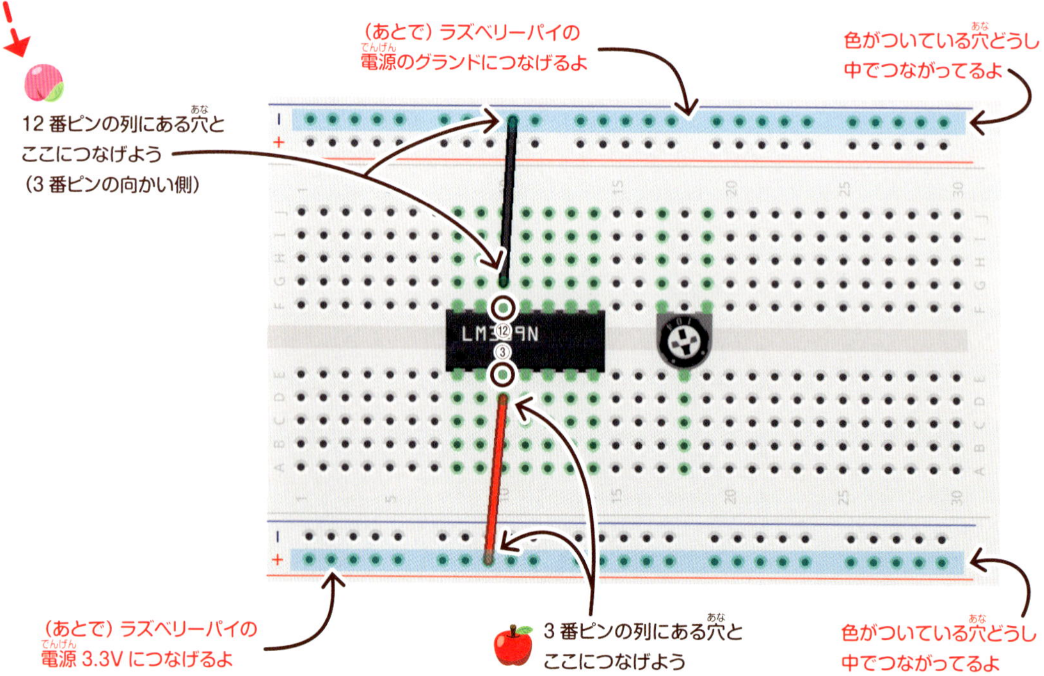

（あとで）ラズベリーパイの
電源《でんげん》のグランドにつなげるよ
色がついている穴《あな》どうし
中でつながってるよ
12番ピンの列にある穴《あな》と
ここにつなげよう
（3番ピンの向かい側）
（あとで）ラズベリーパイの
電源《でんげん》3.3Vにつなげるよ
3番ピンの列にある穴《あな》と
ここにつなげよう
色がついている穴《あな》どうし
中でつながってるよ

「今回は、ブレッドボードの端《はし》の穴《あな》を使うんだね」

「電源《でんげん》につながる線がたくさんあるときは、外側の穴《あな》を使うといいよ」

③LED《エルイーディ》の回路をつなぐ

●部品《ぶひん》、ジャンパピンの配線《はいせん》

つなげるもの	つなげるところ①	つなげるところ②
ジャンパピン	LM《エルエム》339の1番の列の穴《あな》	LED《エルイーディ》の足の短いほう
抵抗《ていこう》	LED《エルイーディ》の足の長いほうの列の穴《あな》	ブレッドボードの外側のプラス

「IC《アイシー》のピン番号は、時計と反対方向に数えるんだ」

「1 番ピンは、数えなくてもわかるよ」

「そこと、LED《エルイーディ》につなぐのか」

「LED《エルイーディ》は、足の長いほうをプラスにつなぐの。よく見てよ」

次にLED《エルイーディ》の回路をつなぎます。IC《アイシー》の 1 番ピンとLED《エルイーディ》、LED《エルイーディ》と抵抗《ていこう》、抵抗《ていこう》とブレッドボードの端《はし》のプラスと、つながっていくように部品《ぶひん》を差しこみます。抵抗《ていこう》は、200 ～ 330 Ωのものを使います。

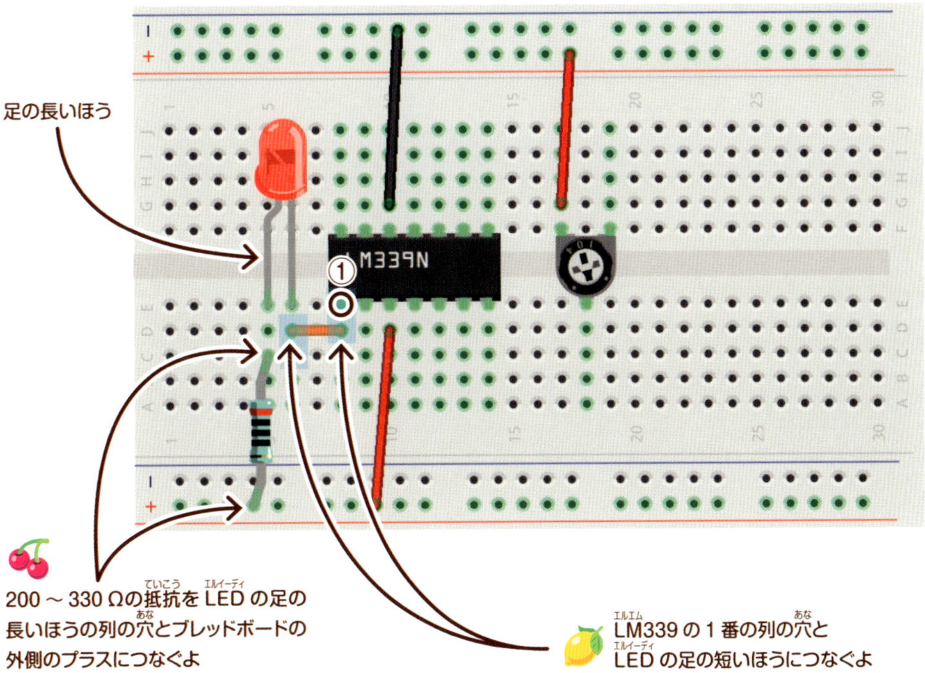

④半固定抵抗《はんこていていこう》の回路をつなぐ

●部品《ぶひん》、ジャンパピンの配線《はいせん》

つなげるもの	つなげるところ①	つなげるところ②
ジャンパピン	LM《エルエム》339の6番の列の穴《あな》	半固定抵抗《はんこていていこう》の真ん中の端子《たんし》
ジャンパピン	半固定抵抗《はんこていていこう》の端《はし》の端子《たんし》の列の穴《あな》	ブレッドボードの外側のプラス
ジャンパピン	半固定抵抗《はんこていていこう》の端《はし》の端子《たんし》の列の穴《あな》	ブレッドボードの外側のマイナス

そして半固定抵抗《はんこていていこう》の回路をつなぎます。LM《エルエム》339の6番ピンと、半固定抵抗《はんこていていこう》の真ん中の端子《たんし》がつながるようにします。残りの半固定抵抗《はんこていていこう》の端子《たんし》は、ブレッドボードの外側のプラスとマイナスにつなげます。

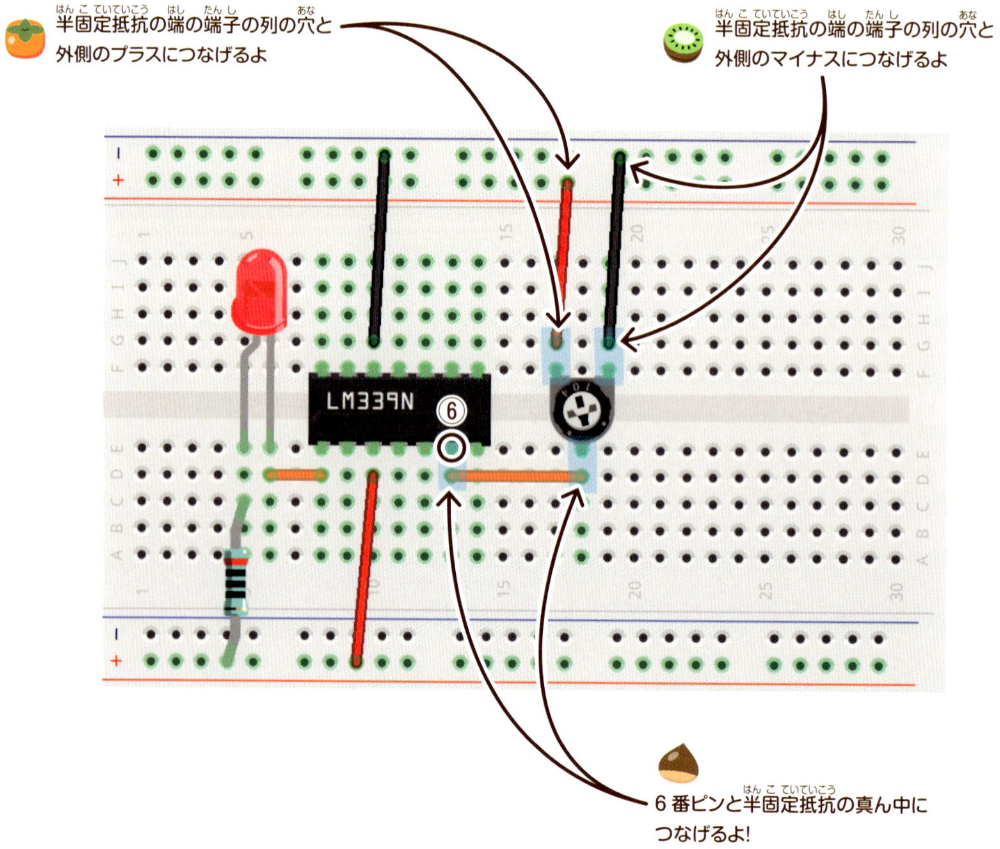

⑤アルミ皿の電極《でんきょく》につながる回路をつくる

●部品《ぶひん》、ジャンパピン・ワイヤの配線《はいせん》

	つなげるもの	つなげるところ①	つなげるところ②
🍐	680KΩの抵抗《ていこう》	LM339《エルエム》の7番の列の穴《あな》	外側のプラス列
🍊	ジャンパピン	LM339《エルエム》の7番の列の穴《あな》	少し離れた穴《あな》（★）
🍇	オスーオスのワイヤ	★の下の穴《あな》	アルミの皿
🍉	オスーオスのワイヤ	★の上の穴《あな》	アルミの皿
🍈	ジャンパピン	★の上の穴《あな》	外側のマイナス列

アルミ皿の電極《でんきょく》につながる回路をつくります。まずLM《エルエム》339の7番ピンと抵抗《ていこう》、その抵抗《ていこう》とブレッドボードの外側のプラスがつながるように部品《ぶひん》を差しこみます。抵抗《ていこう》は、680キロΩのものを使います。

そして、LM《エルエム》339の7番ピンと、アルミの皿をつなぐためにジャンパワイヤをブレッドボードに差しこみます。

もうひとつのアルミの皿につなぐコードは、ブレッドボードの外側のマイナスにつなげるようにします。

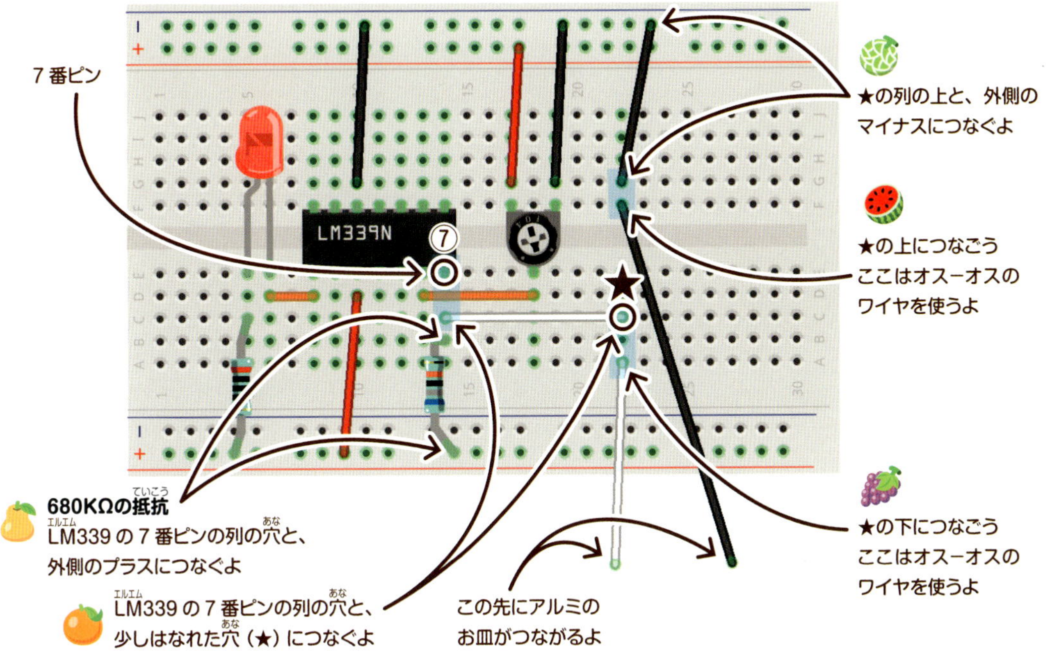
7番ピン
LM339N
⑦
★
★の列の上と、外側のマイナスにつなぐよ
★の上につなごう
ここはオスーオスのワイヤを使うよ
★の下につなごう
ここはオスーオスのワイヤを使うよ
680KΩの抵抗《ていこう》
LM《エルエム》339の7番ピンの列の穴《あな》と、
外側のプラスにつなぐよ
LM《エルエム》339の7番ピンの列の穴《あな》と、
少しはなれた穴《あな》（★）につなぐよ
この先にアルミの
お皿がつながるよ

⑥ラズベリーパイの電源《でんげん》とつなげる

●部品《ぶひん》、ジャンパピンの配線《はいせん》

つなげるもの	つなげるところ①	つなげるところ②
メスーメスのワイヤ	ラズベリーパイの3.3V（1番）	ブレッドボードの外側のプラス
メスーメスのワイヤ	ラズベリーパイのグランド（6番）	ブレッドボードの外側のマイナス
ジャンパワイヤ	ブレッドボードの外側のプラス	ブレッドボードの外側（反対側）のプラス

最後に、ラズベリーパイの電源《でんげん》とつなげましょう。ラズベリーパイの 3.3V のピンと、ブレッドボードの外側のプラス、ラズベリーパイのグランドのピンと、ブレッドボードの外側のマイナスをつなぎます。そして、ブレッドボードの外側のプラスどうしをつなぎます。両端《りょうはし》のプラスとマイナスは、中でつながっていないので、ジャンパワイヤをつかってつなぎます。

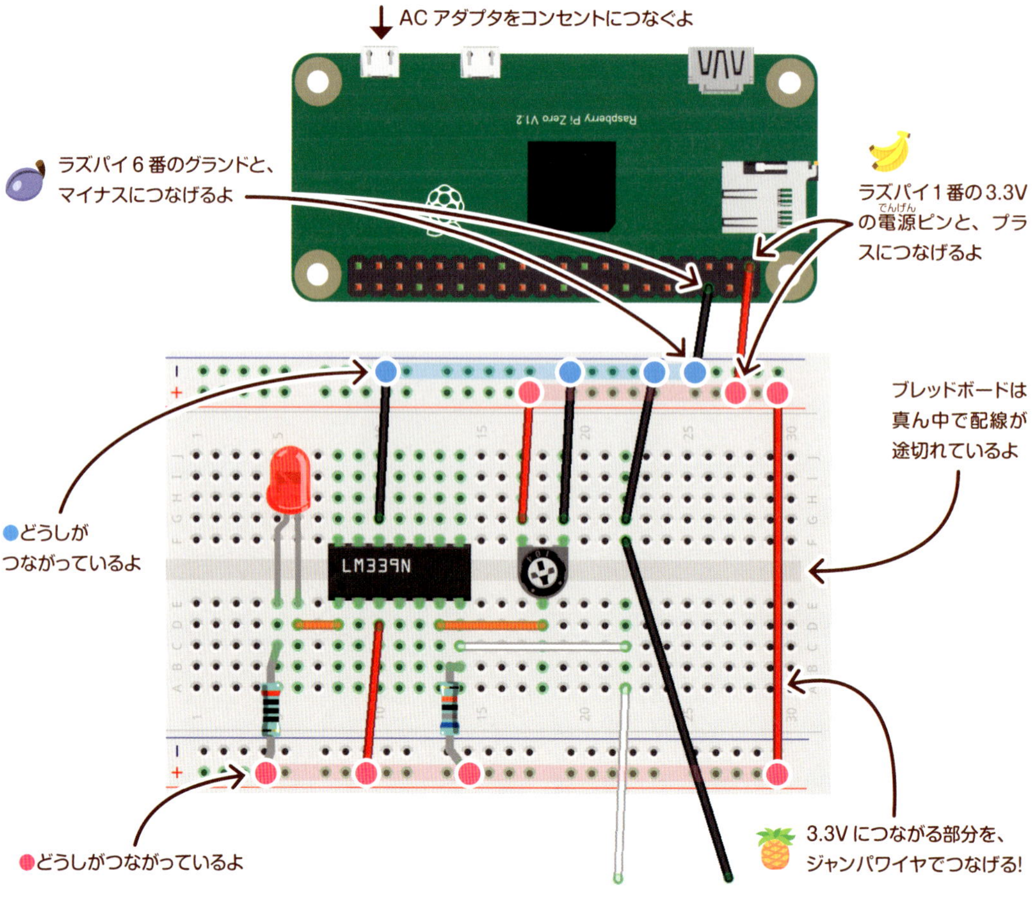

AC アダプタをコンセントにつなぐよ
ラズパイ 6 番のグランドと、マイナスにつなげるよ
ラズパイ 1 番の 3.3V の電源《でんげん》ピンと、プラスにつなげるよ
ブレッドボードは真ん中で配線が途切れているよ
LM339N
●どうしがつながっているよ
●どうしがつながっているよ
3.3V につながる部分を、ジャンパワイヤでつなげる!

「ブレッドボードの配線《はいせん》は OK だよ」

「じゃあ、ラズベリーパイの電源《でんげん》につないでみようか」

「ラズベリーパイの 1 番と 6 番だね」

「そしたら、アルミ皿につなぐコードをくっつけてみて！」

「こうかな」

⑦アルミ皿の電極《でんきょく》につなげるワイヤをつける

アルミ皿の電極《でんきょく》につなぐジャンパワイヤ 2 本をつなぎます。そして、いったんここで、その 2 つのジャンパワイヤの先をくっつけてみましょう。LED《エルイーディ》が光るはずです。もし光らない場合は、配線《はいせん》がまちがっていないかどうか確かめてみましょう。

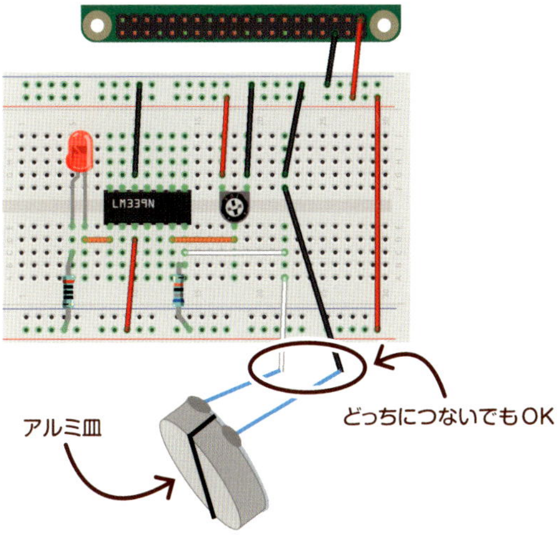

LM339N
アルミ皿
どっちにつないでもOK

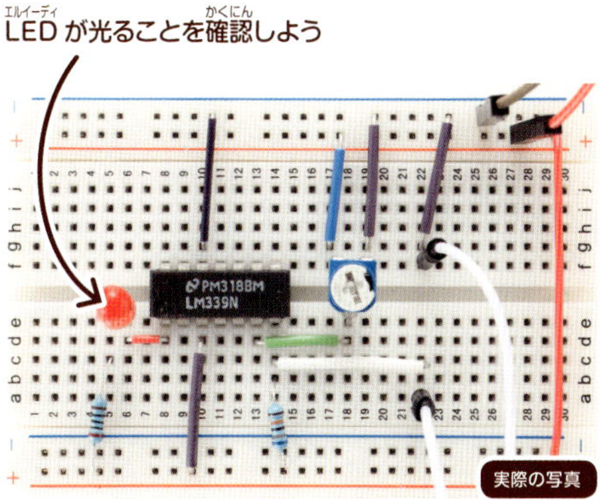

LED《エルイーディ》が光ることを確認《かくにん》しよう
PM318BM
LM339N
実際の写真

「光らないよ…」

「どれどれ、チェックしてみようか」

LED《エルイーディ》が光らなかったときは、次のようなところをひとつずつ確認《かくにん》してみましょう。

- □ LED《エルイーディ》の向きは正しい？（LED《エルイーディ》の長い足をプラスにつなぎます）
- □ IC《アイシー》の電源《でんげん》の接続《せつぞく》は正しい？（IC《アイシー》の 3 番ピンをプラス、12 番ピンをグランドにつなぎます）
- □ IC《アイシー》の 6 番ピンと半固定抵抗《はんこていていこう》の真ん中の端子《たんし》がつながってる？
- □ 半固定抵抗《はんこていていこう》の両端《りょうはし》の端子《たんし》が、電源《でんげん》とグランドにつながってる？
- □ ブレッドボードの両端《りょうはし》のプラスがジャンパワイヤでつながっている？
- □ IC《アイシー》の 7 番ピンがグランドにつながるようになってる？

抵抗《ていこう》の調整

ブレッドボードからのジャンパワイヤを、電極《でんきょく》のアルミ皿にそれぞれにつないでいきましょう。お皿のフチをめくって、そこにジャンパワイヤを差しこんで巻《ま》きこみます。はずれてしまいそうなら、上からテープで止めておきましょう。

「配線《はいせん》は OK だったね。じゃあ、いよいよ電極《でんきょく》につなごう」

「アルミのお皿ね」

「お皿の端《はし》っこをめくるのか」

「かんたんにめくれるよ。めくれたらジャンパワイヤのオスの端子《たんし》を巻《ま》きこんで」

「巻《ま》き寿司みたいな感じ」

「できたよ。これでテープで止めたらカンペキだね」

端子《たんし》の接続《せつぞく》

皿の端《はし》っこをむく

端子《たんし》をまきつける

テープでとめる

このように使う!

アルミ皿の電極《でんきょく》がつながったら、抵抗《ていこう》の切れ端《はし》などの金属で、アルミ皿のはなれている部分に同時に触《ふ》れてみましょう。LED《エルイーディ》が光ったら、アルミ皿の接続《せつぞく》は OK です。

では次に、アルミ皿の電極《でんきょく》に手をおいてみましょう。手は、あらかじめハンカチなどでふいておきます。今度は LED《エルイーディ》は光らないはずです。

そうしたら、いったん手をはなして、手を少し湿《しめ》らせてからやってみましょう。今度は、LED《エルイーディ》は光るかな？　湿《しめ》らせた状態《じょうたい》で、LED《エルイーディ》が光らなかったら、半固定抵抗《はんこていていこう》をドライバーなどで少しまわしてみます。右や左に少しずつ回してみて、LED《エルイーディ》が光るところを見つけましょう。

半固定抵抗《はんこていていこう》を調節

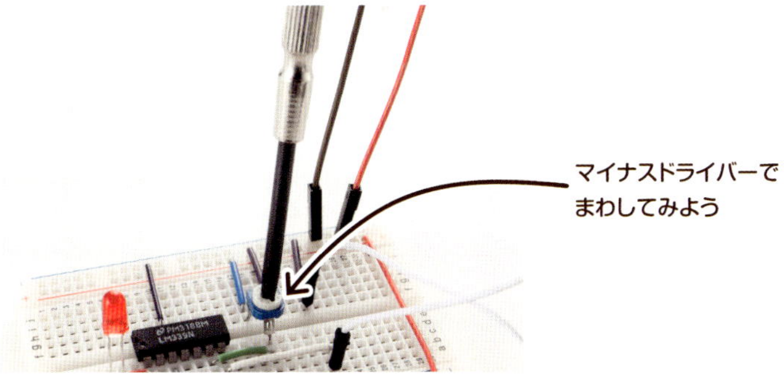

電極《でんきょく》に手をおく力加減や置き方によって、抵抗《ていこう》が変わります。湿《しめ》った手を置いたときに、LED《エルイーディ》がついたり消えたりするぐらいで大丈夫《だいじょうぶ》です。ずっと消えていたり、反対に、ずっとついていたりしないように調整しましょう。

「抵抗《ていこう》の調整はできたかな」

「なかなか難《むずか》しいかも」

「ちょっと試してみようよ」

「そうだね、ほら、イチゴ、手を置いてみて」

「ワタシがやるの !?」

「これから聞くことに、全部いいえで答えて」

「チョコを食べましたか」

「もぉー、いいえ、食べてません」

「なんか光ったかな？」

「……」

大人のかたへ　分圧

　抵抗《ていこう》を測定《そくてい》する場合、通常、分圧回路と呼《よ》ばれる回路を使って、電圧《でんあつ》を測定《そくてい》するようにします。次のような直列に抵抗《ていこう》がつながった回路では、2 つの抵抗《ていこう》によって電圧《でんあつ》が分割されます。それぞれの抵抗《ていこう》にかかる電圧《でんあつ》の合計が、回路全体の電圧《でんあつ》となります。また、それぞれの抵抗《ていこう》にかかる電圧《でんあつ》は、その抵抗《ていこう》の比率で分かれます。

　したがって、抵抗《ていこう》の比を変化させると、それぞれの抵抗《ていこう》にかかる電圧《でんあつ》が変わるということです。ウソ発見器《はっけんき》では、このしくみを利用して、人の抵抗《ていこう》の変化を電圧《でんあつ》の変化として計測しています。

分圧

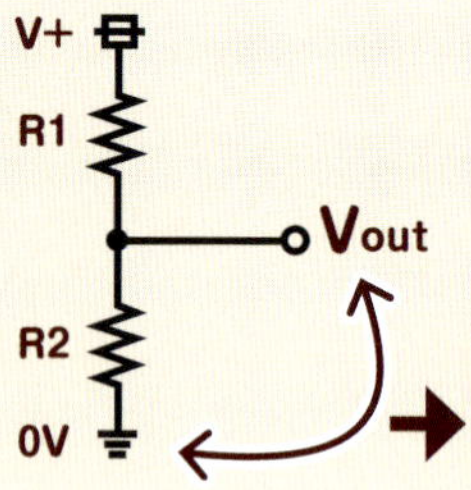
V+
R1
Vout
R2
0V

Voutの電圧《でんあつ》は、
抵抗《ていこう》の比で求められる

$$V_{out} = \frac{R_2}{R_2 + R_2} \times V_+$$

大人のかたへ　人体の抵抗《ていこう》

　人体の抵抗《ていこう》（皮膚の抵抗《ていこう》）は、200KΩ ～ 1MΩ程度と言われています。抵抗《ていこう》は、発汗《はっかん》などの状態《じょうたい》によって大きく変化します。このウソ発見器《はっけんき》の実験《じっけん》では、数百Ω程度の抵抗《ていこう》を想定した回路になっています。

　この実験《じっけん》の回路では、1MΩの半固定抵抗《はんこていていこう》で分圧した電圧《でんあつ》（V−）と、680KΩの抵抗《ていこう》と人体の抵抗《ていこう》で分圧した電圧《でんあつ》（V+）を比較《ひかく》しています。人体の抵抗《ていこう》が下がれば、出力端子《たんし》が GND に接続《せつぞく》されて、電流《でんりゅう》が流れるようになります。

人体の抵抗《ていこう》

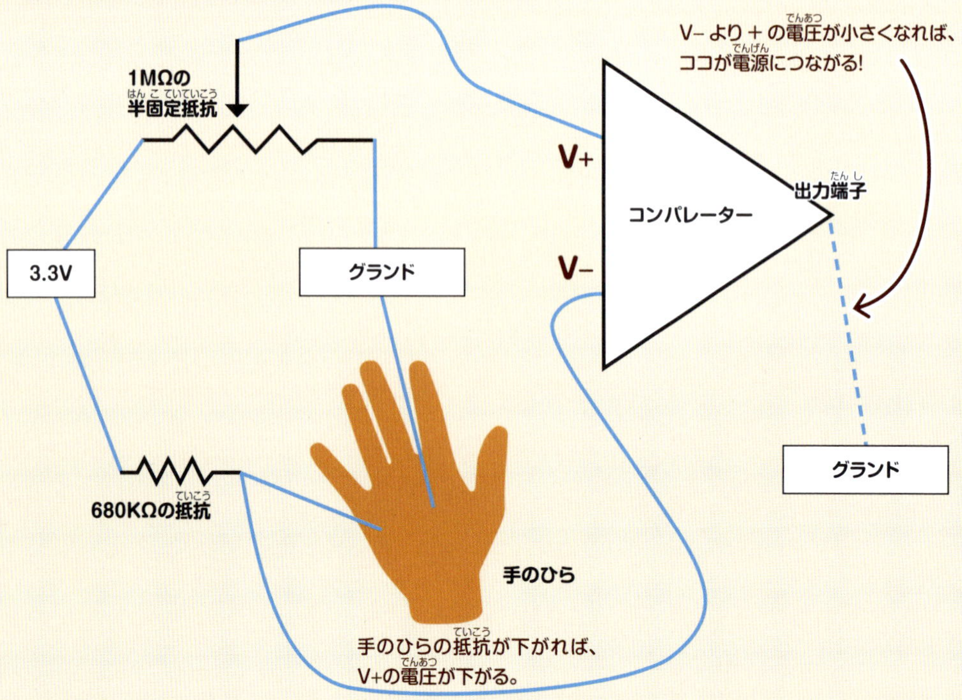
V− より ＋ の電圧《でんあつ》が小さくなれば、
ココが電源《でんげん》につながる!
1MΩの
半固定抵抗《はんこていていこう》
V+
V−
コンパレーター
出力端子《たんし》
3.3V
グランド
グランド
680KΩの抵抗《ていこう》
手のひら
手のひらの抵抗《ていこう》が下がれば、
V+の電圧《でんあつ》が下がる。

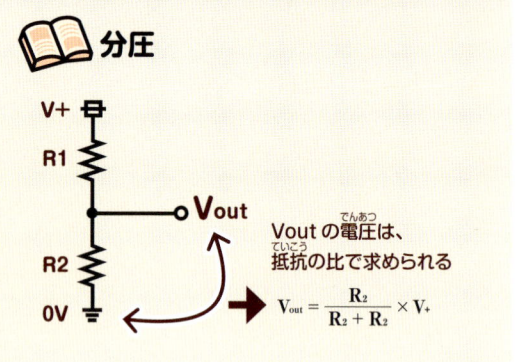

Scratch《スクラッチ》で友達のウソを見《み》抜《ぬ》いてみよう

LED《エルイーディ》が光るようになったら、今度は、Scratch《スクラッチ》で判定《はんてい》してみましょう。

「こんどはLED《エルイーディ》の光の代わりに、Scratch《スクラッチ》を使って判定《はんてい》してみようか」

「またGPIO《ジーピーアイオー》を使うのかな」

「電気が流れたかどうかを調べるんでしょ」

「なら、さっきのスイッチと同じかな」

「そうだね、だいたい同じだけど、少しつなぎかたが違《ちが》うんだ。コンパレーターの出力端子《しゅつりょくたんし》は、グランドに接続《せつぞく》されるから、GPIO《ジーピーアイオー》はプルアップに設定《せってい》すること」

「なんか、よくわからないけど。結局、どうやるの？」

LED《エルイーディ》の代わりに、コンパレーターの出力をGPIO《ジーピーアイオー》に接続《せつぞく》すると、抵抗《ていこう》の変化をScratch《スクラッチ》で判定《はんてい》することができます。最初にブレッドボードからLED《エルイーディ》をはずします。

LED《エルイーディ》をはずす

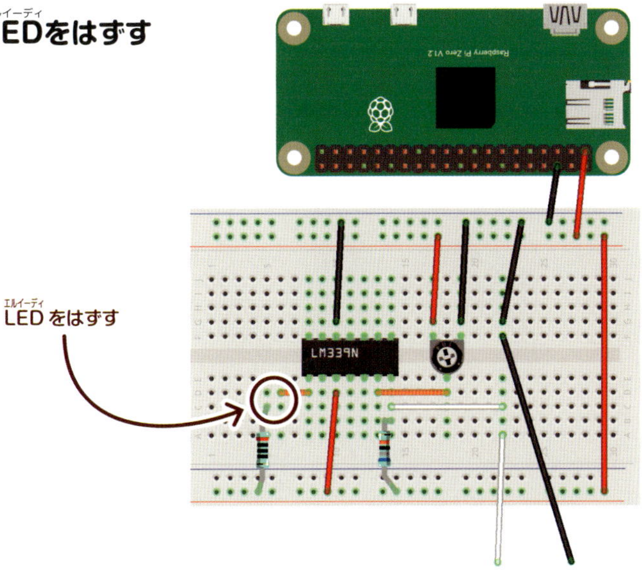

そのつぎに、抵抗《ていこう》とLM339《エルエム》の1番ピンがつながるように、ジャンパワイヤを抵抗《ていこう》につなぎます。

そして、1番ピンと抵抗《ていこう》がつながった部分と、ラズベリーパイのGPIO14《ジーピーアイオー》がつながるように配線《はいせん》します。今回の実験《じっけん》では、GPIO23《ジーピーアイオー》ではうまく動かないので、GPIO14《ジーピーアイオー》に接続《せつぞく》します。配線が終わったら、ディスプレイ（HDMI《エイチディエムアイ》）とマウス（USB《ユーエスビー》）のケーブルをつないでおきます。

GPIO《ジーピーアイオー》をつなぐ

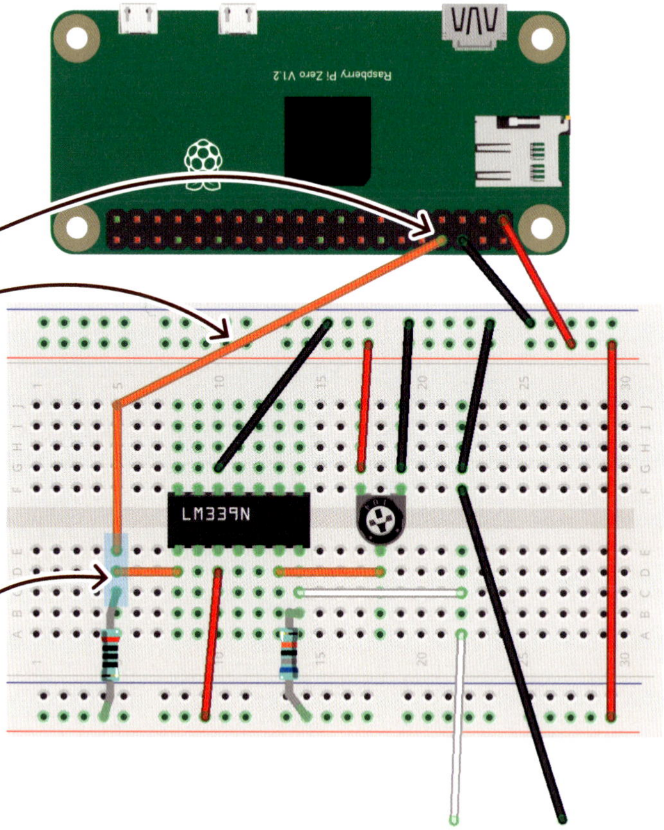
GPIO14《ジーピーアイオー》とつなぐ
メス－オスのジャンパケーブルを使おう
ワイヤを1つ左横にずらして、抵抗《ていこう》とつなげる

実際の配線《はいせん》のようす

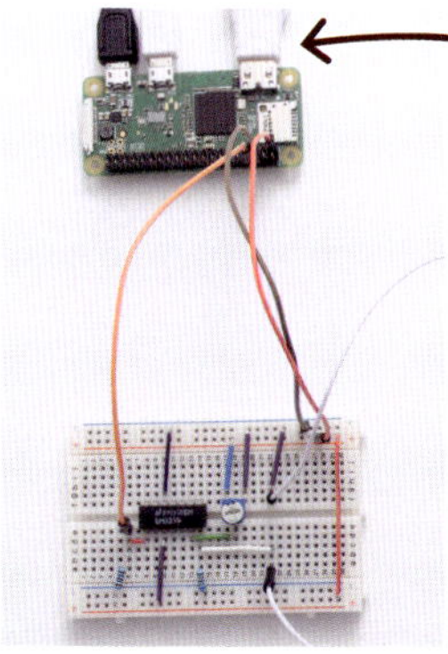
配線が終わったらケーブルをつなごう

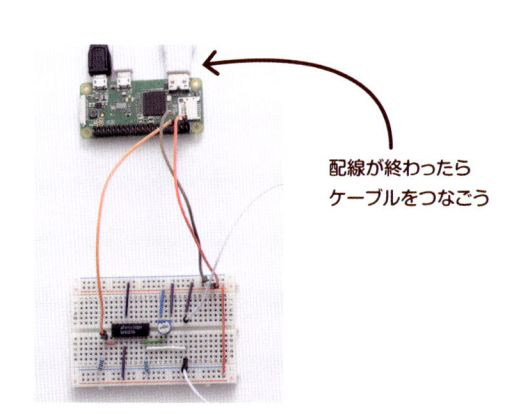

Scratch《スクラッチ》で判定《はんてい》してみよう

「最初の設定《せってい》ができたかな。スクリプトの流れは、このあいだのピンホールカメラのシャッターと同じ形だよ」

「じゃあ、シャッターのときと何が違うの？」

「今度は、GPIO《ジーピーアイオー》の値《あたい》が最初は 1 になってる」

「ということは、GPIO《ジーピーアイオー》が 0 になったかどうかを調べるんだね」

「かんたんじゃん」

次にスクリプトを作成しましょう。最初に、GPIO《ジーピーアイオー》の設定《せってい》を行います。Scratch《スクラッチ》のせいぎょのブロックから[〜をおくる]ブロックをスクリプトに配置《はいち》します。

[〜をおくる]ブロック

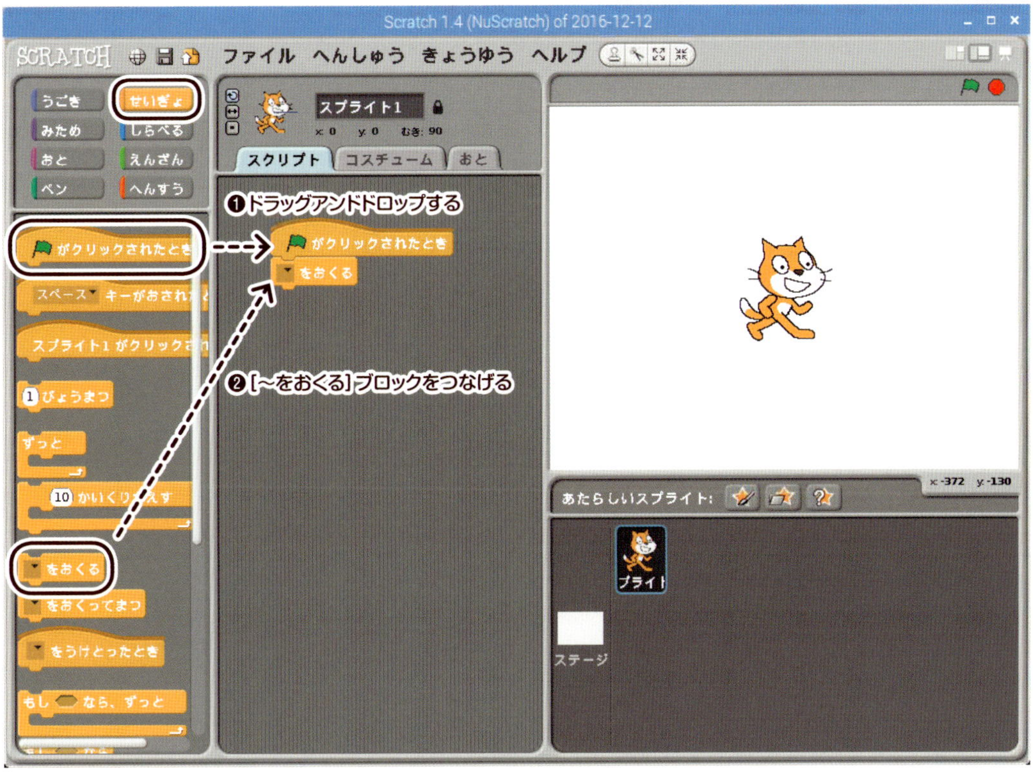

続いて、▼をクリックして、「しんき／へんしゅう」を選びます。

▼をクリック

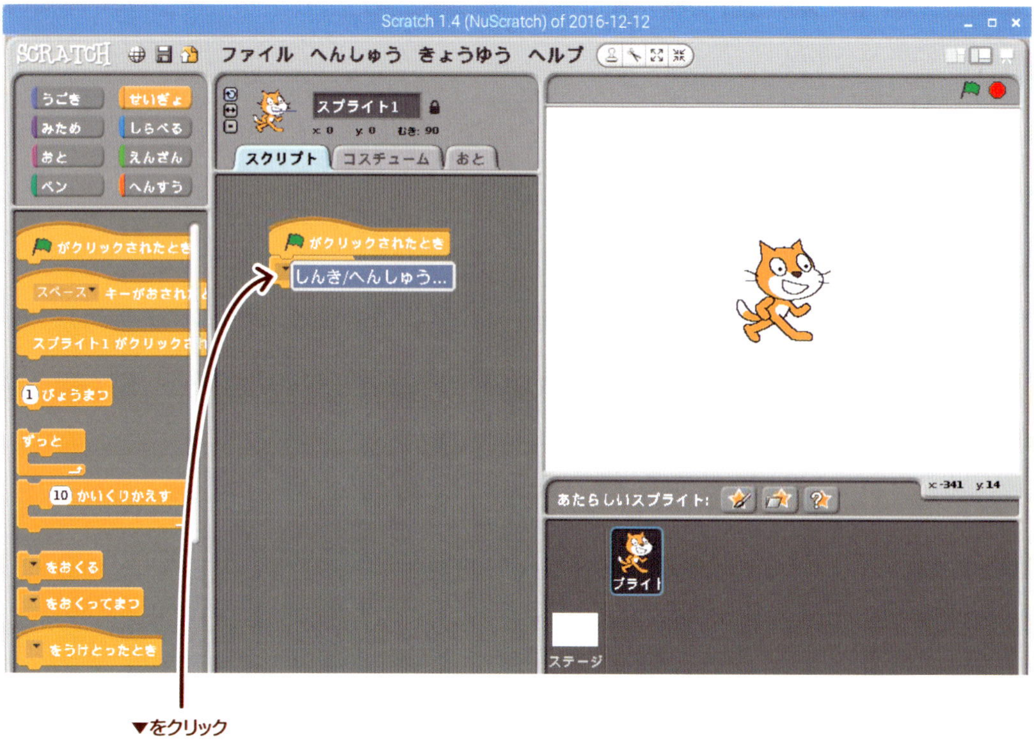

入力ボックスが表示されるので、次の文字をキーボードから入力します。

入力

今度は、pulldown（プルダウン）ではなく、pullup（プルアップ）と書きましょう。そして、いったん をクリックして、GPIO《ジーピーアイオー》の設定《せってい》を送っておきます。

すると gpio14 が使えるようになります。

送るブロックの作成

config14inputpullup をおくるブロックができた!

ブロックができたら、クリックしておこう

Scratch《スクラッチ》を［しらべる］ブロックに切り替《か》えて［~センサーのあたい］ブロックの▼をクリックしてみましょう。

メニューが出てくるので［gpio14］を選びます。

センサーのあたい

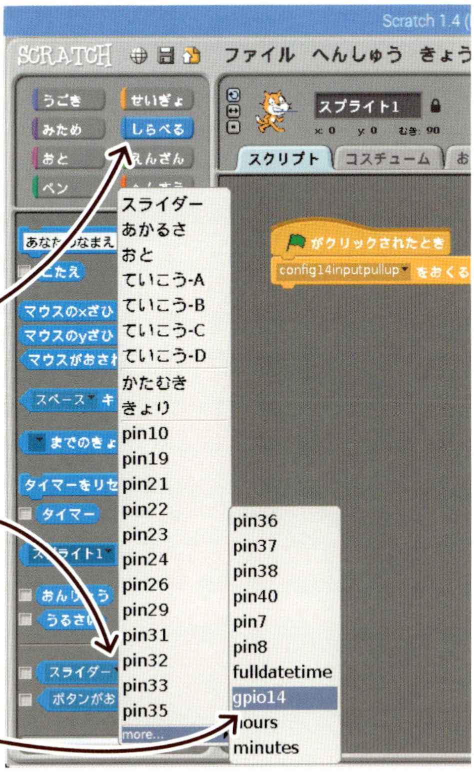

［しらべる］に切り替《か》えるよ

▼をクリックするよ

［gpio14］を選択《せんたく》するよ

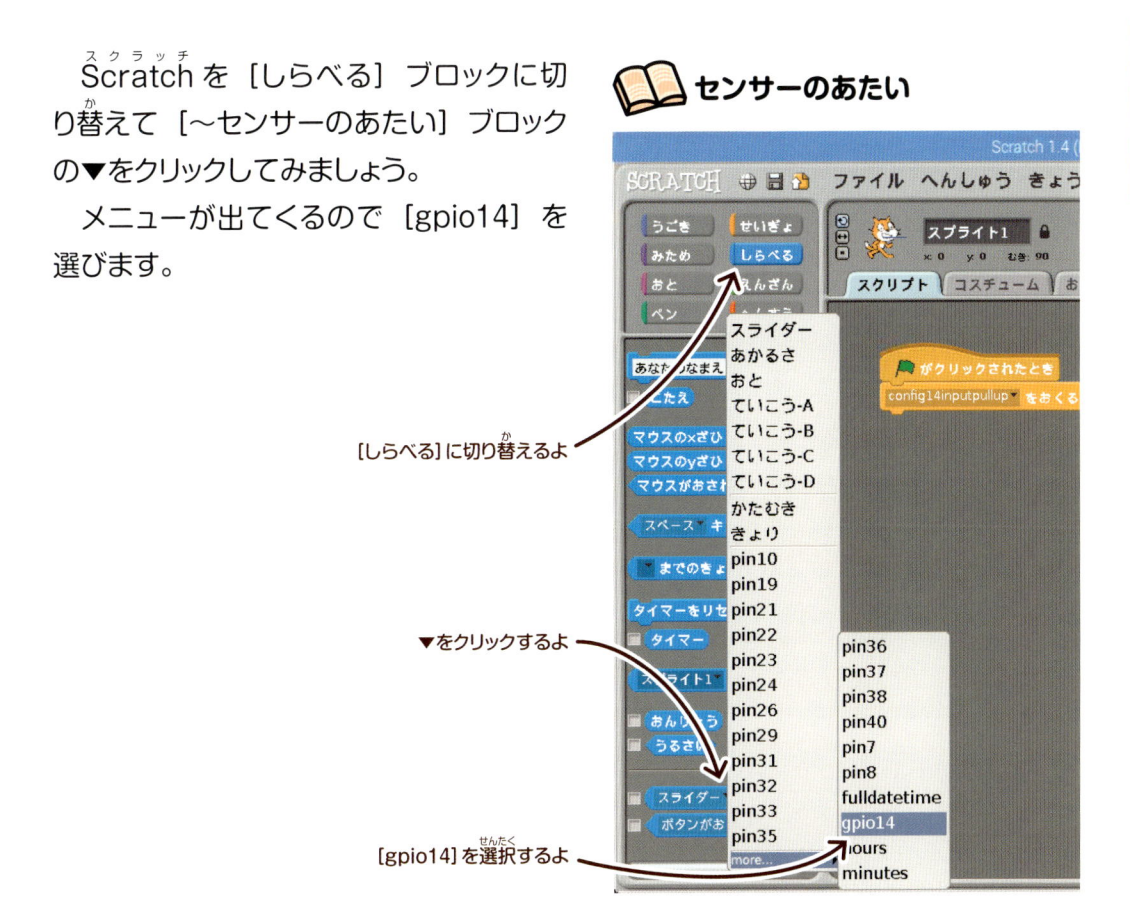

gpio14センサーのあたい

ブロックの左にあるチェックボックス（□のところ）をクリックしてチェックを入れます。
ステージに、［gpio14 センサーのあたい］が表示されましたか？「1」となっているはずです。

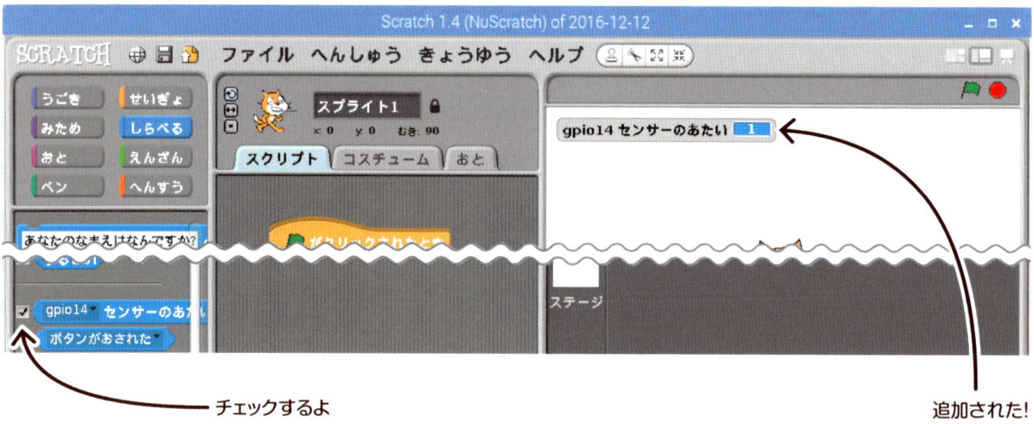

ここで、アルミ皿の電極《でんきょく》をくっつけてみましょう。すると［gpio14 センサーのあたい］は0になるはずです。

ウソをつくとスクラッチキャットがまわる

「これで gpio14 センサーのあたいは判定《はんてい》できるね」

「判定《はんてい》したらどうなるの？ LED《エルイーディ》もないし」

「そうだね、LED《エルイーディ》の代わりにスクラッチキャットを回そうか」

「スクラッチキャットって回るの？ そんなブロックあったかな」

[gpio14 センサーのあたい] が 0 になるかどうかを判定《はんてい》すれば、ウソを判定《はんてい》できるということです。[gpio14 センサーのあたい] が 0 になったら、スクラッチキャットが回転するスクリプトを作ってみましょう。

まず [せいぎょ] のグループに切り替《か》えて、[もし〜なら] のブロックをもってきます。

もし〜なら

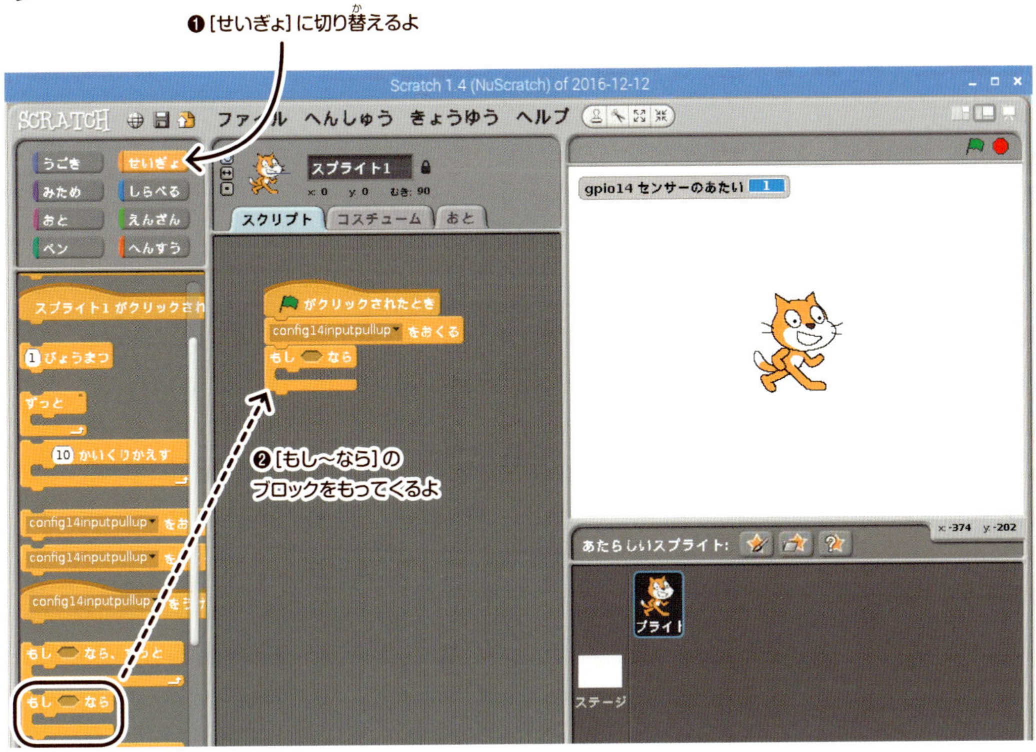

そして、gpio14 センサーのあたいが 0 と同じかどうかを判断《はんだん》するために、[えんざん] のグループにある、□＝□のブロックを配置《はいち》します。

□=□のブロック

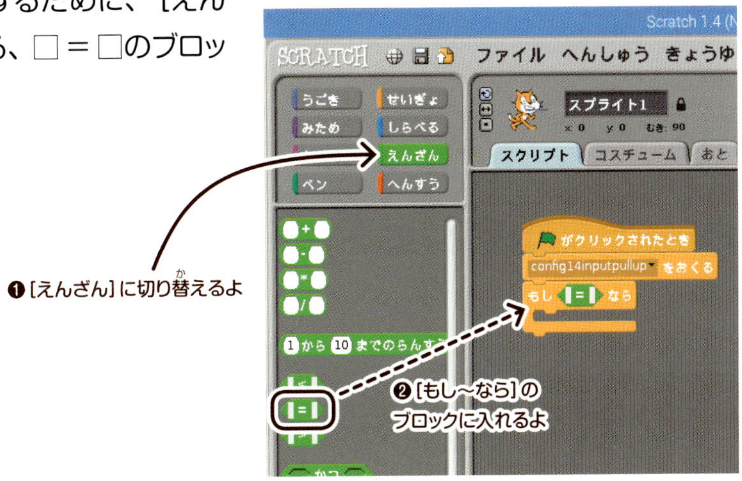

［しらべる］グループに戻して、□＝□のブロックに［gpio14 センサーのあたい］ブロックを左の□にかさねます。それから、右の□をマウスでクリックしたあと、0 を入力します。

gpio14センサーのあたい

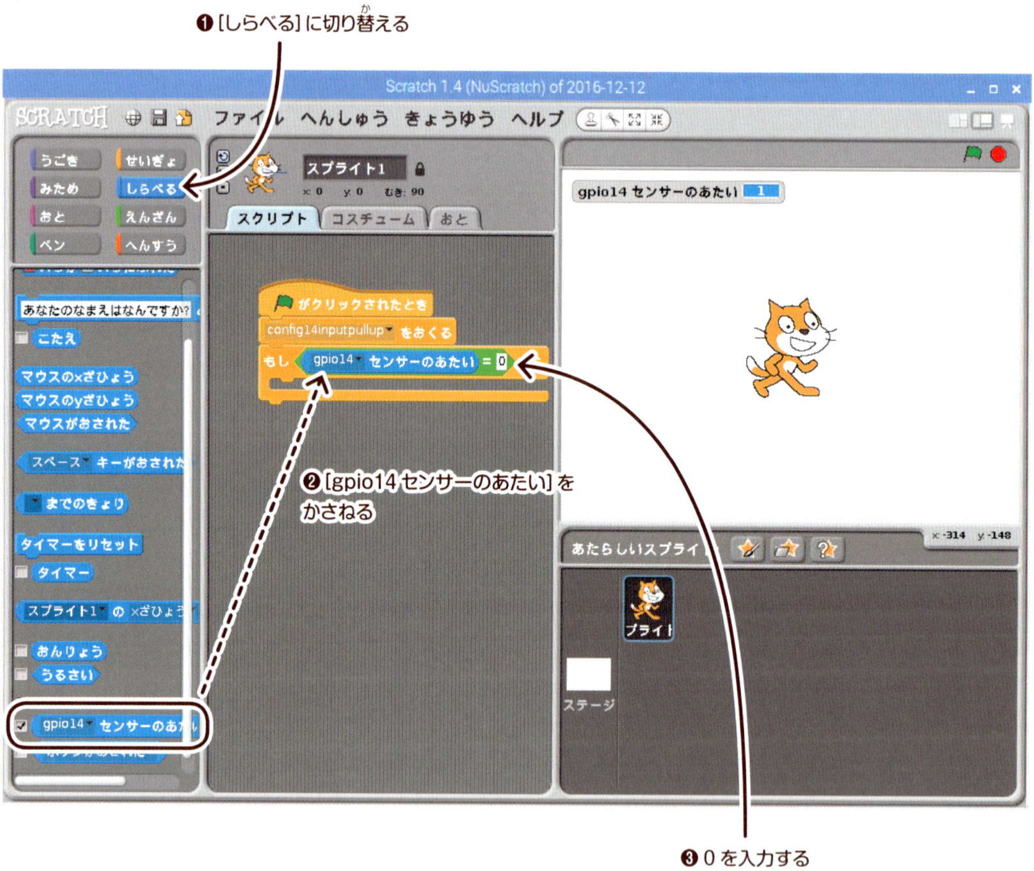

最後に、スクラッチキャットを回転させるブロックを配置《はいち》しましょう。［うごき］のグループにある［15 どまわす］ブロックを［もし～なら］のブロックの中に入れます。

これで、ウソの判定《はんてい》の場合は、スクラッチキャットが回転します。この［15 どまわす］ブロックは、15 どという角度だけスクラッチキャットを回転させます。［gpio14 センサーのあたい］が 0 のあいだは、ずっと 15 どの回転がつづきますので、連続して回転しているように見えるのです。

15どまわす

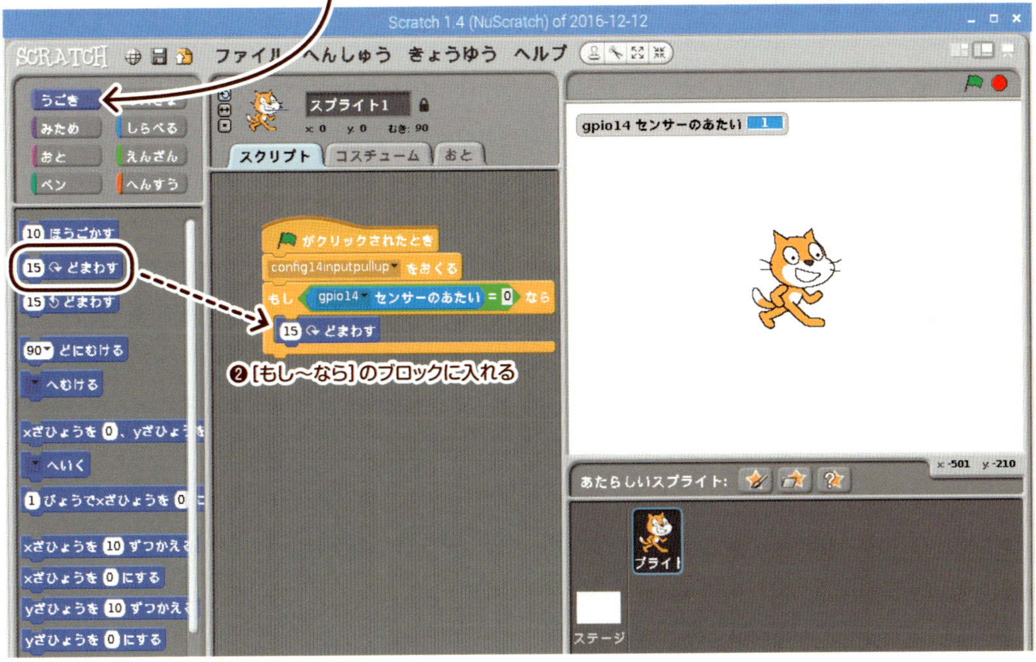

スクラッチキャットを回転させる

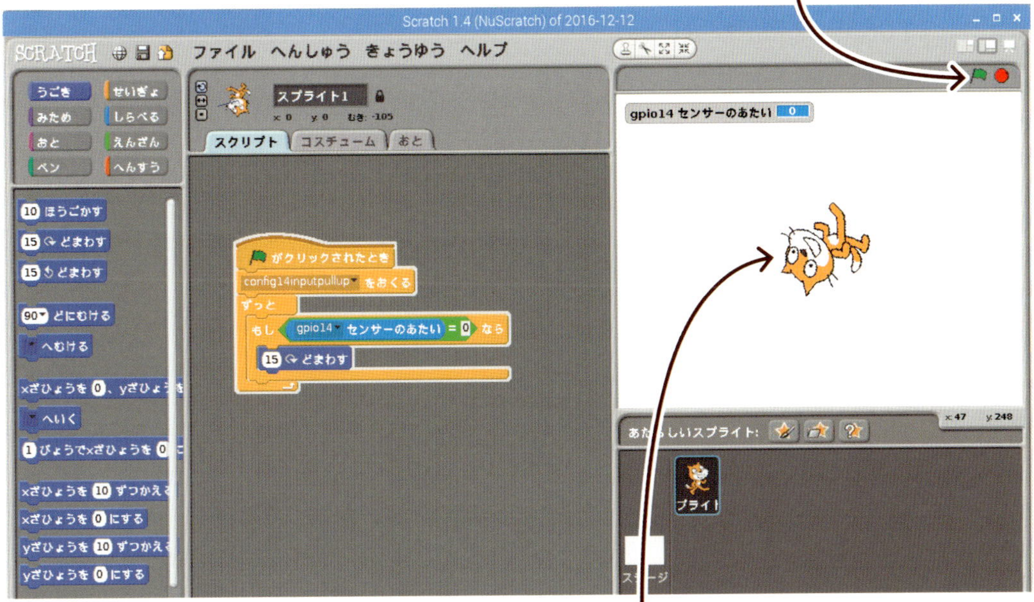

スクラッチキャットをしゃべらせよう

「じゃあ、今度は、スクラッチキャットをまわすんじゃなくて、スクラッチキャットをしゃべらせてみようか」

「しゃべるの？」

「まあ、しゃべるといっても、マンガみたいなふき出しのセリフだけどね」

「へー！」

スクラッチキャットのセリフを使うには、Scratch《スクラッチ》のブロックを［みため］のグループに切り替《か》えます。そのブロックのなかの［うーんとかんがえる］ブロックと、［こんにちは!］と［2 びょういう］ブロックを使います。

最初に、［うーんとかんがえる］ブロックをもってきて、［ずっと］と［もし～なら］のブロックのあいだに入れます。

［うーんとかんがえる］ブロック

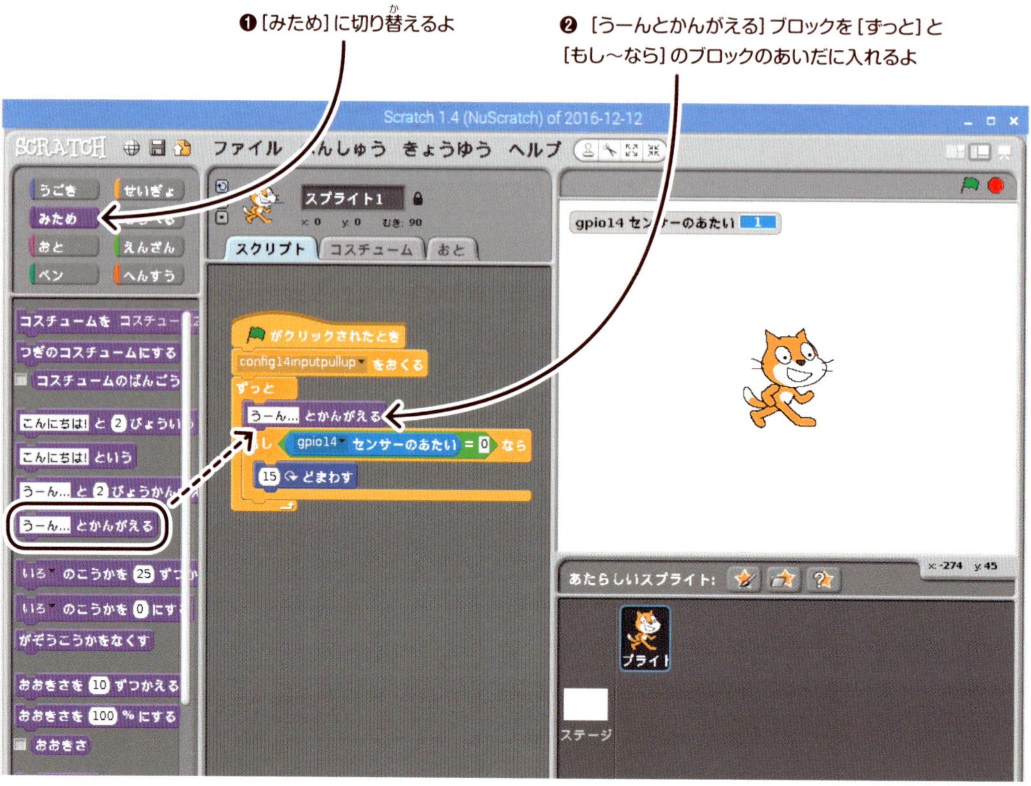

それから、［こんにちは! と 2 びょういう］ブロックを、［もし～なら」のブロックに中に入れます。

［こんにちは! と2びょういう］ブロック

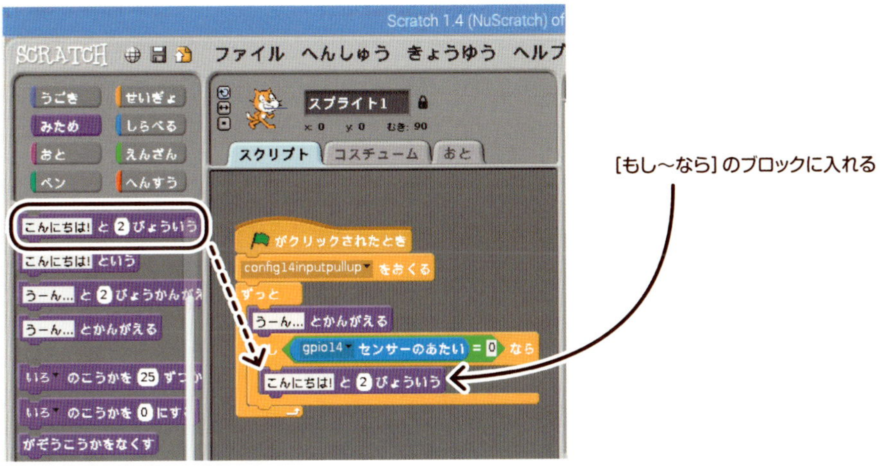

ブロックの［うーん ...］と［こんにちは!］、そして「2」びょうという部分は、変《へん》更《こう》することができます。ただし、ラズベリーパイの Scratch《スクラッチ》 では日本語の入力ができませんので、この本では［こんにちは !］のところを［Uso《ウソ》!］というローマ字に変更《へんこう》しました。

これで、ウソと判定《はんてい》するまでは［うーん ...］という表示になります。ウソと判定《はんてい》すると［Uso《ウソ》!］と表示し、2 秒そのままになります。そしてその後、また［うーん ...］という表示に戻ります。

Uso《ウソ》と入力する

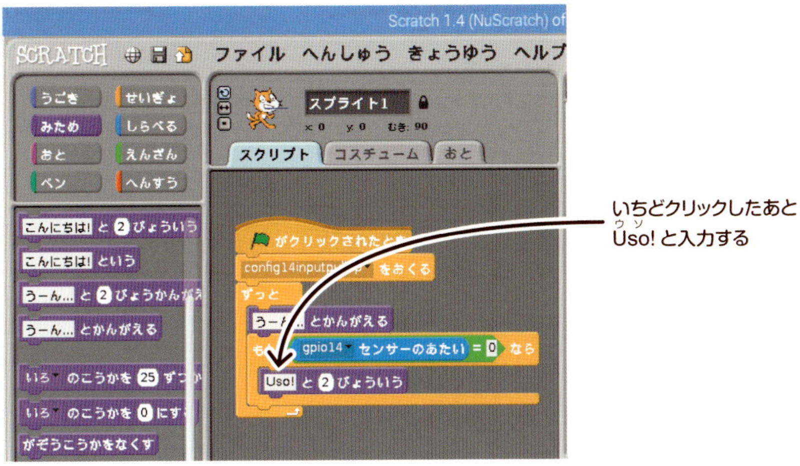

アルミ皿に手を置くと…？

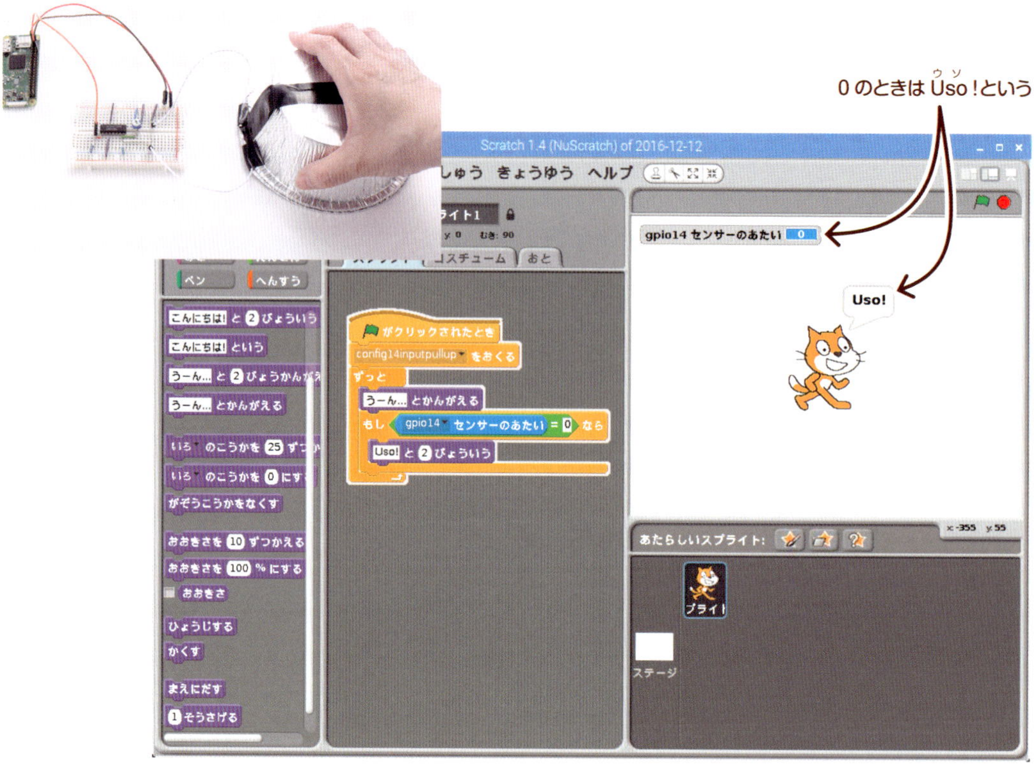

「結局、チョコを食べたのは？」

「ほら、やっぱりUso《ウソ》!って出てるよ？」

「配線《はいせん》がまちがってるんじゃないの？」

「そんなことないと思うけど」

「…わたしが食べました」

memo

その後のいちごちゃんたち

ラズパイっていろんなことができるのね～
びっくりしちゃった！
ふふふ
ほんとだね！
そうだ！
もっと電子工作を勉強したら…
ポン
バーン!!
こ～んな巨大ロボとか作るのも夢じゃないかも!!
もちろん乗るわ!!
わぁ～～
to be continued...?

PROFILE

WINGSプロジェクト　髙江 賢（たかえ けん）

生粋の大阪人。趣味と本業のプログラミング歴は30年以上、制御系から業務系、Web系と幾多の開発分野を経験。現在は、株式会社気象工学研究所に勤務し、気象や防災に関わるシステムの構築、保守に携わる。その傍ら、執筆コミュニティ「WINGSプロジェクト」のメンバーとして活動中。
おもな著書に「基礎からしっかり学ぶC#の教科書」（日経BP社）、「[改訂新版]Javaポケットリファレンス」（技術評論社）など。

山田 祥寛（やまだ よしひろ）

千葉県鎌ヶ谷市在住のフリーライター。Microsoft MVP for Visual Studio and Development Technologies。執筆コミュニティ「WINGS プロジェクト」の代表でもある。
主な著書に「独習シリーズ（C#・サーバサイド Java・PHP・ASP.NET）」（翔泳社）、「改訂新版 JavaScript 本格入門」「Angular アプリケーションプログラミング」（以上、技術評論社）、「はじめてのAndroid アプリ開発 第 2 版」（秀和システム）、「書き込み式 SQL のドリル 改訂新版」（日経BP社）など。

STAFF

カバー・本文イラスト・ブックデザイン：櫻井 恵子
DTP：富 宗治
本文解説イラスト：ショーン＝ショーノ

お問い合わせについて

本書に関する情報は、「サーバサイド技術の学び舎 - WINGS」で公開しています。本書で紹介しているサンプルソースファイルのダウンロードサービスをはじめ、FAQ情報、正誤表などの情報を掲載しています。お問い合わせ前に必ずこちらのサイトをご覧ください。
http://www.wings.msn.to/index.php/-/A-03/978-4-8399-6644-7/

お問い合わせは、メールにてお願い致します。電話によるご質問には一切お答えできません。
pc-books@mynavi.jp
本書の実習以外のご質問にはお答えすることができませんので、あらかじめご了承ください。なお、質問への回答期限は本書発行日より2年間（2020年6月まで）とさせていただきます。

たのしいラズパイ電子工作ブック　Zero W 対応

2018年6月20日　初版第1刷発行

著者	WINGSプロジェクト　髙江 賢
監修	山田 祥寛
発行者	滝口 直樹
発行所	株式会社 マイナビ出版
	〒101-0003　東京都千代田区一ツ橋2-6-3 一ツ橋ビル 2F
	TEL：0480-38-6872（注文専用ダイヤル）
	TEL：03-3556-2731（販売）　03-3556-2736（編集）
	URL：http://book.mynavi.jp
印刷・製本	図書印刷 株式会社

ISBN 978-4-8399-6644-7